普通高等教育“十四五”规划教材

资源与环境系统分析R语言实现

华　珊　王晶晶　李保国　马韫韬　主编

中国农业大学出版社
·北京·

内 容 简 介

本书以《资源与环境系统分析》第 2 版的内容为基础，通过上机实际操作与应用案例相结合的方式，翔实介绍了 R 语言操作基础和资源与环境系统分析模型 R 语言实现，每个应用案例均提供完整可用的源程序，方便读者学习。全书内容包括两大部分：第一部分为 R 语言基础，包括 R 语言介绍、数据集创建、数据管理、基本绘图 4 章；第二部分为资源与环境系统分析模型 R 语言实现，包括回归拟合模型与应用、基于过程的动力学模型与应用、优化模型、评价和决策模型与应用 4 章。

图书在版编目(CIP)数据

资源与环境系统分析 R 语言实现 / 华珊等主编. --北京：中国农业大学出版社，2022.4

ISBN 978-7-5655-2750-0

Ⅰ.①资… Ⅱ.①华… Ⅲ.①程序语言-程序设计-应用-资源经济学-环境经济学-系统分析 Ⅳ.①X196-39 ②F062.1-39

中国版本图书馆 CIP 数据核字(2022)第 046904 号

书　　名 资源与环境系统分析 R 语言实现

作　　者 华　珊　王晶晶　李保国　马韫韬　主编

策划编辑 梁爱荣　　**责任编辑** 梁爱荣

封面设计 郑　川

出版发行 中国农业大学出版社

社　　址 北京市海淀区圆明园西路 2 号　　**邮政编码** 100193

电　　话 发行部 010-62733489，1190　　读者服务部 010-62732336

编辑部 010-62732617，2618　　出　版　部 010-62733440

网　　址 http://www.caupress.cn　　**E-mail** cbsszs@cau.edu.cn

经　　销 新华书店

印　　刷 北京溢漾印刷有限公司

版　　次 2022 年 4 月第 1 版　　2022 年 4 月第 1 次印刷

规　　格 170 mm×228 mm　　16 开本　　10.25 印张　　210 千字

定　　价 39.00 元

编写人员

主　编　华　珊（浙江省农业科学院）

王晶晶（海南大学）

李保国（中国农业大学）

马韫韬（中国农业大学）

参　编　曹秉帅（生态环境部南京环境科学研究所）

侯彤瑜（石河子大学）

颜　安（新疆农业大学）

柳维扬（塔里木大学）

魏翠兰（江苏开放大学）

PREFACE

“资源与环境系统分析”是中国农业大学资源与环境学院2002年开设的课程，至今已有20年，该课程旨在培养资源与环境相关专业的大学生定量思维的能力和应用信息技术解决实际问题的能力。在此期间，《资源与环境系统分析》第1版和第2版相继问世，得到了很多老师、学生和研究人员的关注，并给予了很大的鼓励和肯定。第2版对书中的内容、体系、实例等进行了修改和调整。考虑到该课程主要是面向资源利用与环境科学、土地科学技术类本科专业的大学生，之前书中的应用案例均采用Excel软件来完成。

随着信息技术的发展，采用计算机编程语言进行各学科数据的整理和分析已应用于各个领域，交叉学科及应用研究是未来各学科的发展方向。因而，培养一批高素质的资源利用与环境科学、土地科学技术类的交叉型人才势在必行。

计算机相关领域的科研人员对计算机编程语言持续的完善与创新，使计算机方面的软件技术获得更高的应用质量，并不断提升社会各界的信息化水平，计算机编程语言的直观性以及易学性得到很大提升。R语言作为一套完整的数据处理、计算和制图开源软件系统，其优势主要体现在软件包生态系统上，其中内置有大量专门面向统计人员的实用功能，且具备可扩展能力，并拥有丰富的功能选项，帮助开发人员构建自己的数据分析工具及方法。在国外高校，R语言几乎是一门必修的语言，在统计分析各个领域中广泛使用。目前已经有众多主流机器学习算法都以R语言作为实现手段。鉴于此，本书针对资源与环境系统分析相关内容，采用原理讲解和R语言算法实现方式，对系统分析理论和方法应用进行了深入详细的阐释。全书内容包括两部分，共 8 章。第一部分为 R 语言基础，包括 R 语言介绍、数据集创建、数据管理、R 语言的基本绘图共 4 章，对 R 语言及其常用编写规则和操作命令进行了简单介绍。第二部分为资源与环境系统分析模型 R 语言实现，包括回归拟合模型与应用、基于过程的动力学模型与应用、优化模型、评价和决策模型及应用共 4 章，每章提供了丰富直观的模型案例和完整的源程序代码，基于书中提供的源代码完成模型案例的计算，并可对其中参数进行调整，来构建自己所需要的模型算法程序。

特别感谢《资源与环境系统分析》主编陈研老师对本书提出的宝贵修改意见和对本书出版给予的大力支持！

由于本教材内容涉及大量的 R 语言源程序编写和代码，难免有不妥、失误和需要更新之处，敬请各位师生、读者指正，以便不断完善。

编者

2021 年 12 月

目录

CONTENTS

第一部分　R语言基础

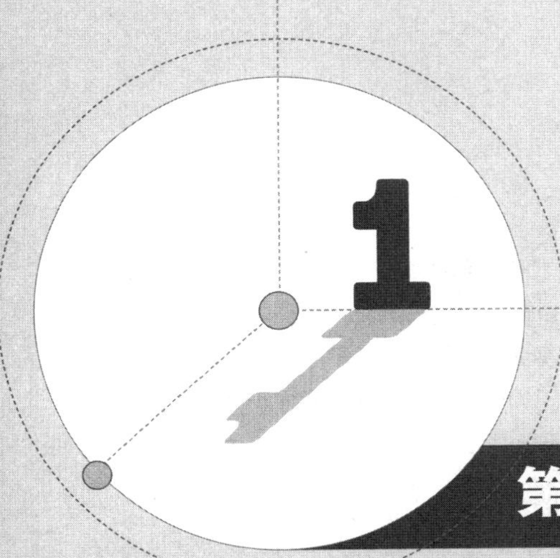

第一部分　R 语言基础

第1章　R语言介绍

R语言是集统计分析与图形显示于一体的统计分析软件，是贝尔实验室(Bell Laboratory)的Rick Becker、John Chambers和Allan Wilks开发的S语言的一种实现。R语言是一套集数据处理、计算和制图的完整软件系统。其功能包括：数据存储和处理系统；数组运算工具(其向量、矩阵运算方面功能尤其强大)；完整连贯的统计分析工具；优秀的统计制图功能；它可以跨平台运行于UNIX，Windows和MacOS的操作系统上，而且嵌入了一个非常方便实用的帮助系统，与其他统计分析软件相比，R语言还有以下特点(杨中庆，2006)。

(1)R语言是自由软件。这意味着它是完全免费，开放源代码的。可以在它的网站及其镜像中下载任何有关的安装程序、源代码、程序包及其源代码、文档资料。标准的安装文件自身就带有许多模块和内嵌统计函数，安装好后可以直接实现许多常用的统计功能。

(2)R语言是一种可编程的语言。作为一个开放的统计编程环境，语法通俗易懂，很容易学会和掌握。而且学会之后，我们可以编制自己的函数来扩展现有的语言。这也就是为什么它的更新速度比一般统计软件(如SPSS，SAS等)快得多。大多数最新的统计方法和技术都可以在R语言中直接得到。

(3)所有R语言的函数和数据集是保存在程序包里面的。只有当一个包被载入时，它的内容才可以被访问。一些常用、基本的程序包已经被收入标准安装文件中，随着新的统计分析方法的出现，标准安装文件中所包含的程序包也随着版本的更新而不断变化。

(4)R语言具有很强的互动性。除了图形输出是在另外的窗口处，它的输入、输出窗口都是在同一个窗口进行的，输入语法中如果出现错误会马上在窗口中得到提示。对以前输入过的命令有记忆功能，可以随时再现、编辑修改以满足用户的需要。输出的图形可以直接保存为 JPG、BMP、PNG 等图片格式，还可以直接保存为 PDF 文件。另外，和其他编程语言和数据库之间有很好的接口。

(5)如果加入 R 语言的帮助邮件列表，每天都可能会收到几十份关于 R 语言的邮件资讯。可以与全球一流的统计计算方面的专家讨论各种问题，可以说是全世界最大、最前沿的统计学家思维的聚集地。总体而言，R 语言属于 GNU 系统的一个自由、免费、源代码开放的应用软件，主要包括核心的 R 标准包和各专业领域的其他包。R 语言是统计计算和统计制图的优秀工具，是一套开源的数据分析解决方案。本书针对资源与环境系统分析相关内容，采用原理讲解和 R 语言算法实现方式，对系统分析理论和方法应用进行了深入详细的阐释。本章主要对 R 语言的获取安装、基本操作和数据分析包的使用进行简单介绍，在第 2、3、4 章中会进一步讲解 R 语言的数据集操作和管理、图形创建和应用等。

1.1　R 语言的获取和安装

1.1.1　R 语言的获取

RStudio 是 R 语言的集成开发环境(IDE)，采用 RStudio 进行 R 编程的学习和实践会比 R 自带的环境操作更加轻松和方便，而且它还具有调试、可视化等功能，支持纯 R 脚本、Rmarkdown (脚本文档混排)、Bookdown (脚本文档混排成书)、Shiny (交互式网络应用)等。

R 语言是 RStudio 的基础，必须先安装 R 语言，再安装 RStudio。即使只使用 RStudio，还是需要事先为计算机安装好 R 语言。RStudio 只是辅助使用 R 进行编辑的工具，因为它自身并不附带 R 程序。

R 语言可以在 CRAN(Comprehensive R Archive Network，http://cran.r-project.org)上免费下载。Linux、MacOS X 和 Windows 都有相应编译好的二进制版本。根据你所选择系统对应的安装说明进行安装即可。

1.1.2　R 语言的安装

(1)登录 R 语言的官方网站(图 1-1)。

https://www.r-project.org/

The R Project for Statistical Computing

[Home]

Download

CRAN

R Project

About R
Logo
Contributors
What's New?
Reporting Bugs
Conferences
Search
Get Involved: Mailing Lists
Developer Pages
R Blog

R Foundation

Foundation

Getting Started

R is a free software environment for statistical computing and graphics. It compiles and runs on a wide variety of UNIX platforms, Windows and MacOS. To **download R**, please choose your preferred CRAN mirror.

If you have questions about R like how to download and install the software, or what the license terms are, please read our answers to frequently asked questions before you send an email.

News

- **R version 3.6.0 (Planting of a Tree)** has been released on 2019-04-26.
- useR! 2020 will take place in St. Louis, Missouri, USA.
- **R version 3.5.3 (Great Truth)** has been released on 2019-03-11.
- The R Foundation Conference Committee has released a call for proposals to host useR! 2020 in North America.
- You can now support the R Foundation with a renewable subscription as a supporting member

图 1-1　R 语言下载网站截图(1)

(2)点击左上角 Download 下的 CRAN(图 1-2)。

The R Project for Statistical Computing

[Home]

Download

CRAN

R Project

About R
Logo
Contributors
What's New?
Reporting Bugs
Conferences
Search
Get Involved: Mailing Lists
Developer Pages
R Blog

R Foundation

Foundation

Getting Started

R is a free software environment for statistical computing and graphics. It compiles and runs on a wide variety of UNIX platforms, Windows and MacOS. To **download R**, please choose your preferred CRAN mirror.

If you have questions about R like how to download and install the software, or what the license terms are, please read our answers to frequently asked questions before you send an email.

News

- **R version 3.6.0 (Planting of a Tree)** has been released on 2019-04-26.
- useR! 2020 will take place in St. Louis, Missouri, USA.
- **R version 3.5.3 (Great Truth)** has been released on 2019-03-11.
- The R Foundation Conference Committee has released a call for proposals to host useR! 2020 in North America.
- You can now support the R Foundation with a renewable subscription as a supporting member

图 1-2　R 语言下载网站截图(2)

进入下载页面(图 1-3)。

CRAN Mirrors

The Comprehensive R Archive Network is available at the following URLs, please choose a location close to you. Some statistics on the status of the mirrors can be found here: main page, windows release, windows old release.

If you want to host a new mirror at your institution, please have a look at the CRAN Mirror HOWTO.

0-Cloud	
https://cloud.r-project.org/	Automatic redirection to servers worldwide, currently sponsored by Rstudio
http://cloud.r-project.org/	Automatic redirection to servers worldwide, currently sponsored by Rstudio
Algeria	
https://cran.usthb.dz/	University of Science and Technology Houari Boumediene
http://cran.usthb.dz/	University of Science and Technology Houari Boumediene
Argentina	
http://mirror.fcaglp.unlp.edu.ar/CRAN/	Universidad Nacional de La Plata
Australia	
https://cran.csiro.au/	CSIRO
http://cran.csiro.au/	CSIRO
https://mirror.aarnet.edu.au/pub/CRAN/	AARNET
https://cran.ms.unimelb.edu.au/	School of Mathematics and Statistics, University of Melbourne
https://cran.curtin.edu.au/	Curtin University of Technology
Austria	
https://cran.wu.ac.at/	Wirtschaftsuniversität Wien
http://cran.wu.ac.at/	Wirtschaftsuniversität Wien

图 1-3　R 语言下载网站截图(3)

向下拉找到 China 站点，选择一个镜像点击进入(图 1-4)。

China	
https://mirrors.tuna.tsinghua.edu.cn/CRAN/	TUNA Team, Tsinghua University
http://mirrors.tuna.tsinghua.edu.cn/CRAN/	TUNA Team, Tsinghua University
https://mirrors.ustc.edu.cn/CRAN/	University of Science and Technolo

图 1-4　R 语言下载部分中国网站的截图

在 Download and Install R 下，选择对应的版本。这里以 Windows 为例，我们点击第三个 Download R for Windows(图 1-5)。

CRAN
Mirrors
What's new?
Task Views
Search

About R
R Homepage
The R Journal

Software
R Sources
R Binaries
Packages
Other

Documentation
Manuals
FAQs
Contributed

The Comprehensive R Archive Network

Download and Install R

Precompiled binary distributions of the base system and contributed packages, **Windows and Mac** users most likely want one of these versions of R:

- Download R for Linux
- Download R for (Mac) OS X
- Download R for Windows

R is part of many Linux distributions, you should check with your Linux package management system in addition to the link above.

Source Code for all Platforms

Windows and Mac users most likely want to download the precompiled binaries listed in the upper box, not the source code. The sources have to be compiled before you can use them. If you do not know what this means, you probably do not want to do it!

- The latest release (2019-04-26, Planting of a Tree) R-3.6.0.tar.gz, read what's new in the latest version.
- Sources of R alpha and beta releases (daily snapshots, created only in time periods before a planned release).
- Daily snapshots of current patched and development versions are available here. Please read about new features and bug fixes before filing corresponding feature requests or bug reports.
- Source code of older versions of R is available here

图 1-5　不同操作系统下 R 语言的版本选择截图

点击 base(图 1-6)。

R for Windows

Subdirectories:

base	Binaries for base distribution. This is what you want to **install R for the first time**.
contrib	Binaries of contributed CRAN packages (for R >= 2.13.x; managed by Uwe Ligges). There is also information on third party software available for CRAN Windows services and corresponding environment and make variables.
old contrib	Binaries of contributed CRAN packages for outdated versions of R (for R < 2.13.x; managed by Uwe Ligges).
Rtools	Tools to build R and R packages. This is what you want to build your own packages on Windows, or to build R itself.

图 1-6　Windows 操作系统下 R 语言选择安装的截图

点击链接 Download R 3. 6. 0 for Windows(不同时期版本略有不同,请选择最新版本即可),开始下载 3. 6. 0 版本的 R 语言,下载完成后直接安装即可(图 1-7)。

R-3. 6. 0 for Windows (32/64 bit)

Download R 3.6.0 for Windows (80 megabytes, 32/64 bit)
Installation and other instructions
New features in this version

图 1-7　R 语言软件的下载界面

(3)安装 RStudio。登录 RStudio 官方网站,网址如下:https://www. rstudio. com/products/rstudio/download/ 点击 Free 下的 Download(图 1-8)。

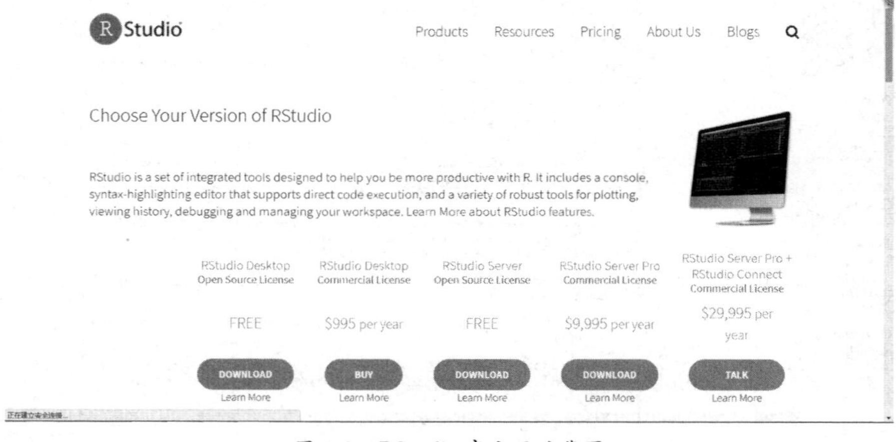

图 1-8　RStudio 官方网站截图

在“Installers for Supported Platforms”中，对应自己的系统，选择合适的版本。这里以 64 位的 Windows 7 系统为例，点击链接进行下载，然后进行安装(图 1-9)。

Installers for Supported Platforms

Installers	Size	Date	MD5
RStudio 1.2.1335 - Windows 7+ (64-bit)	126.9 MB	2019-04-08	d0e2470f1f8ef4cd35a669aa323a2136
RStudio 1.2.1335 - Mac OS X 10.12+ (64-bit)	121.1 MB	2019-04-08	6c570b0e2144583f7c48c284ce299eef
RStudio 1.2.1335 - Ubuntu 14/Debian 8 (64-bit)	92.2 MB	2019-04-08	c1b07d0511469abfe582919b183eee83
RStudio 1.2.1335 - Ubuntu 16 (64-bit)	99.3 MB	2019-04-08	c142d69c210257fb10d18c045fff13c7
RStudio 1.2.1335 - Ubuntu 18 (64-bit)	100.4 MB	2019-04-08	71a8d1990c0d97939804b46cfb0aea75
RStudio 1.2.1335 - Fedora 19+/RedHat 7+ (64-bit)	114.1 MB	2019-04-08	296b6ef88969a91297fab6545f256a7a
RStudio 1.2.1335 - Debian 9+ (64-bit)	100.6 MB	2019-04-08	1e32d4d6f6e216f086a81ca82ef65a91
RStudio 1.2.1335 - OpenSUSE 15+ (64-bit)	101.6 MB	2019-04-08	2795a63c7efd8e2aa2dae86ba09a81e5
RStudio 1.2.1335 - SLES/OpenSUSE 12+ (64-bit)	94.4 MB	2019-04-08	c65424b06ef6737279d982db9eefcae1

图 1-9　RStudio 适配的操作系统展示截图

(4)测试安装是否成功。双击 RStudio 打开界面，如图 1-10 所示，界面由代码编辑、命令控制台、资源栏和其他栏组合而成。

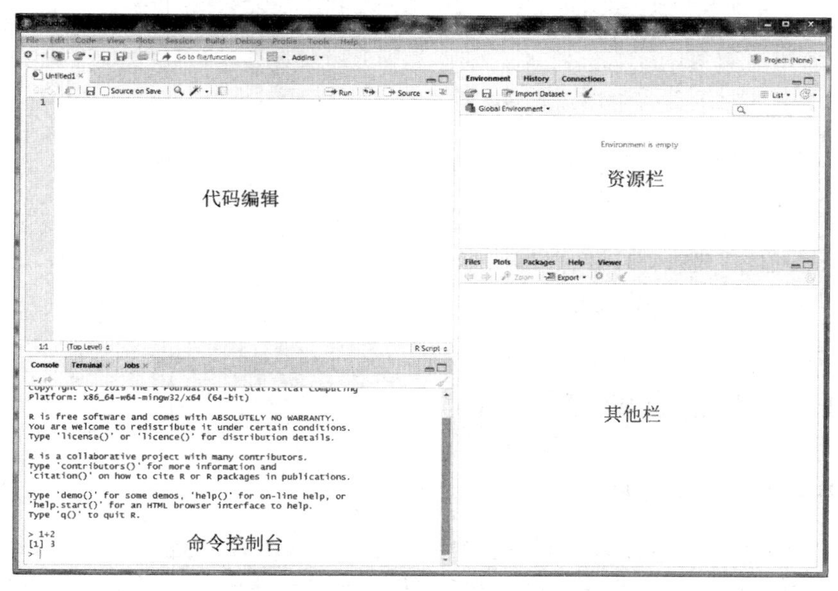

图 1-10　打开 RStudio 的编程界面

代码编辑栏：可以进行代码的编辑，以及打开 R 脚本或者 txt 文件。创建新的文件可以从 File→New 里选择，打开文件可以从目录 File→Open 或者从 Open Recent 目录里打开最近的文件。运行文件可以用鼠标选择相应的代码，点击 Run 代码(注:只有被鼠标选中的代码才会运行。此时可以执行鼠标当前位置的代码,也可以是鼠标点选区域执行整个区域内的所有代码)。

命令控制台:代码运行后,命令控制台会显示相应的代码或者返回结果。也可以在命令控制台单独输入命令运行程序。

资源栏:可以在 Environment 目录下查看各变量的数据结构和数值,在 History 目录下可以查看在命令控制台输入的历史命令代码。

其他栏:关于 R 语言其他使用方面的显示栏。在 Files 目录下可以进行文件及文件夹的管理。Plots 目录为图形绘制区,并可进行图形的查看、清除、导出保存等操作。Packages 目录下可进行 R 语言包的安装以及加载(包安装好后,并不可以直接使用,如果需要使用包,必须每次在使用前将包加载到内存中),可以直接选择包或者在控制台输入 library(package name)命令。在 Help 目录下有关于 R 相关函数或者命令的帮助。

(5)测试(图 1-11)

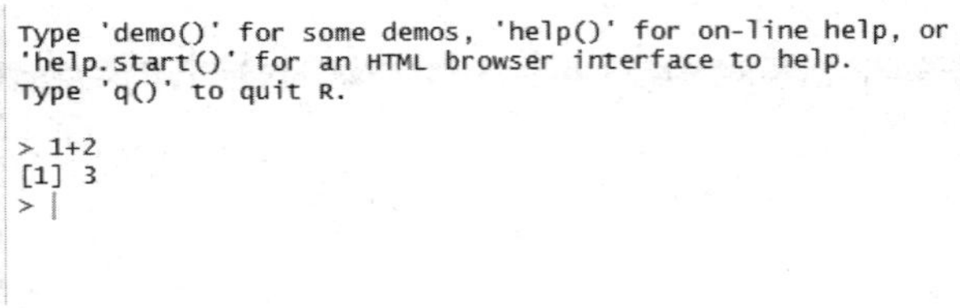

```
Type 'demo()' for some demos, 'help()' for on-line help, or
'help.start()' for an HTML browser interface to help.
Type 'q()' to quit R.

> 1+2
[1] 3
> |
```

图 1-11 RStudio 命令行下的简单测试

在左边窗口输入 1+2,然后回车,得到答案 3。

至此安装成功测试完毕。

1.2 R 语言的使用入门

1.2.1 新手上路

R 语言是一种区分大小写的解释性语言,可以在命令提示符(>)后每次输入并执行一条命令,或者一次性执行写在脚本文件中的一组命令(Robert I Kabacoff,2016)。R 语言有多种数据类型,包括向量、矩阵、数据集以及列表等,这些数据类型将在第 2 章中进行详细介绍。

R 功能由程序内置函数、用户自编函数和对对象的创建和操作所提供。对 R 来说一个对象可以是任何东西,包括数据、函数、图形、分析结果等,对象的类属性告诉R如何执行运算，即R识别出对象的属性并按照规则进行处理。

R语句由函数和赋值构成。R中使用“<-”，而不是传统的“=”作为赋值符号，如下图所示，表示创建了一个名为x的向量对象，并将3赋值给x。

```
> x<-3
> 
```

此时资源栏中同时显示变量x的变化情况。

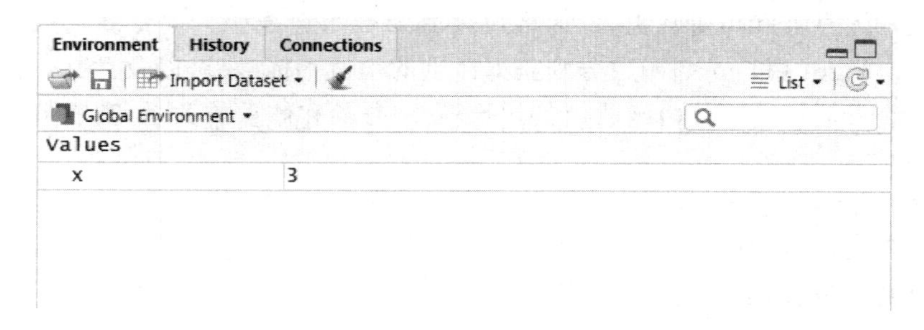

下面我们通过一个具体示例，来直观地感受一下R语言是如何操作和运行的。表1-1是10名婴儿在出生后一年内的月龄和体重数据，下面我们用R来研究一下婴儿月龄与体重的关系(Robert I Kabacoff,2016)。

表1-1　婴儿的月龄和体重数据

年龄/月	体重/kg
1	4.4
3	5.3
5	7.2
2	5.2
11	8.5
9	7.3
3	6.0
9	10.4
12	10.2
3	6.1

```
> age<-c(1,3,5,2,11,9,3,9,12,3)
> weight<-c(4.4,5.3,7.2,5.2,8.5,7.3,6.0,10.4,10.2,6.1)
> mean(weight)
```

```
[1] 7.06
> sd(weight)
[1] 2.077498
> cor(age,weight)
[1] 0.9075655
> plot(age,weight)
```

代码实现了婴儿的月龄与体重数据的分析过程，其中使用函数 c()以向量的形式输入月龄和体重数据，此函数可将其参数组合成一个向量或列表。然后用 mean()、sd()和 cor()函数分别获得体重的均值和标准差，以及月龄和体重的相关度。最后使用 plot()函数，利用图形展示月龄和体重的关系，查看数据变化趋势。

从结果可以看出，这 10 名婴儿的平均体重是 7.06kg，标准差是 2.08kg，月龄和体重之间存在较强的线性关系(相关度＝0.91)。从散点图 1-12 可以看到，随着月龄的增长，婴儿的体重也随之增加。

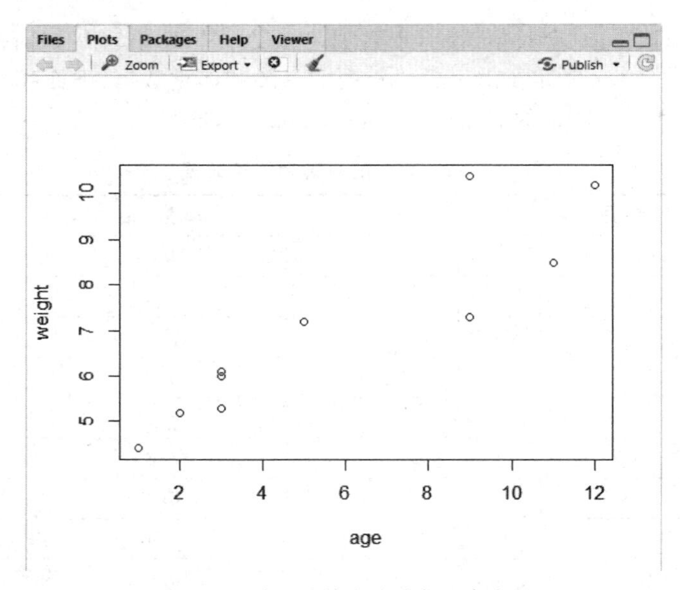

图 1-12　婴儿月龄和体重数据散点图

1.2.2　获取帮助

R 语言提供了大量的帮助功能，在其他栏的帮助目录提供了当前已安装包中所有函数的细节、参考文献以及使用示例。可以通过搜索关键字或者相应的帮助函数查看帮助文档(表1-2)。图1-13为主成分分析函数的一个帮助文档。

表1-2　R中的帮助函数

函数	功能
help.start()	打开帮助文档首页
help("foo")或?foo	查看函数foo的帮助(引号可以省略)
help.search("foo")或??foo	以foo为关键词搜索本地帮助文档
example("foo")	函数foo的使用示例(引号可以省略)
RSuteSearch("foo")	以foo为关键词搜索在线文档和邮件列表存档
apropos("foo",mode="function")	列出名称中含有foo的所有可用函数
data()	列出当前已加载包中所含的所有可用示例数据集
vignette()	列出当前已安装包中所有可用的vignette文档
vignette("foo")	为主题foo显示指定的vignette文档

来源:Robert I Kabacoff,2016

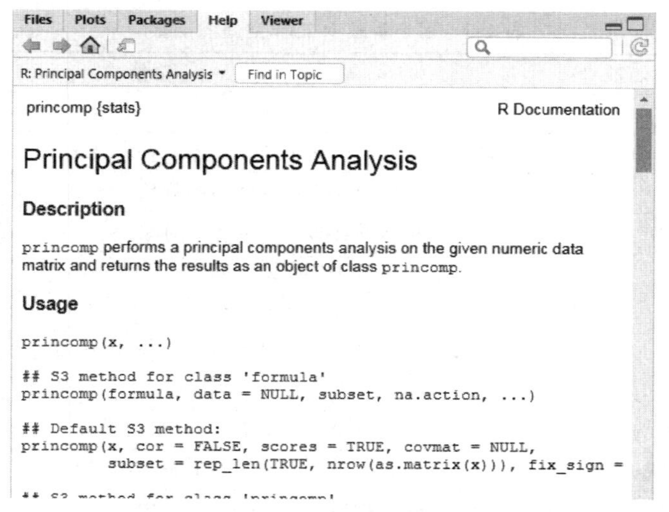

图1-13　主成分分析函数的帮助文档

1.2.3　工作空间

工作空间(workspace)就是当前R语言的工作环境,用来存储所有用户定义的对象(向量、矩阵、函数、数据框、列表)。当前目录是R用来读取文件和保存结果的默认目录，可以使用函数 getwd()来查看当前的工作目录，如：

```
>getwd()
[1] "C:/Users/huashan/Documents"
```

或使用函数 setwd()设定当前的工作目录，如：

```
>setwd("C:/Users/huashan/Documents")
```

如果需要读入一个不在当前工作目录下的文件，则需在调用语句中写明完整的路径，目录名和文件名需要使用引号闭合。

注：R 语言中反斜杠(\)是一个转义符，因此在 Windows 平台上运行 R 时，在路径中需要使用正斜杠(/)。同时函数 setwd()不会自动创建一个不存在的目录，可以使用函数 dir.create()来创建新目录，然后再使用函数 setwd()将工作目录指向这个新目录，如：

```
>dir.create("C:/users/huashan/Documents/project")
>setwd("C:/users/huashan/Documents/project")
```

用于管理工作空间的部分标准命令如表 1-3 所示。

表 1-3　用于管理 R 工作空间的函数

函数	功能
getwd()	显示当前的工作目录
setwd("mydirectory")	修改当前的工作目录为 mydirectory
ls()	列出当前工作空间中的对象
rm(objectlist)	移除(删除)一个或多个对象
help(options)	显示可用选项的说明
options()	显示或设置当前选项
history(#)	显示最近使用过的#个命令(默认值为 25)
savehistory("myfile")	保存命令历史到文件 myfile 中(默认值为.Rhistory)
loadhistory("myfile")	载入一个命令历史文件(默认值为.Rhistory)
save.image("myfile")	保存工作空间到文件 myfile 中(默认值为.RData)
save(objectlist,file="myfile")	保存指定对象到一个文件中
load("myfile")	读取一个工作空间到当前会话中(默认值为.RData)

来源：Robert I Kabacoff，2016

1.2.4　输入和输出

在 R 语言中，我们可以在命令控制台直接输入，并从屏幕得到输出结果。

也可以将代码写入脚本文件(即.R文件),将结果输出到多种目标中。利用函数 source("filename")可在当前会话中执行一个脚本,如果文件名中不包含路径,R将假设此脚本在当前工作目录中。如:

```
#执行当前工作目录下的包含在文件 myscript.R 中的代码
>source("myscript.R")
```

注:R中的注释语句由符号#开头。在#之后出现的任何文本都会被R解释器忽略。

利用函数 sink("filename")可将输出重定向到文件 filename 中。如果该文件已存在,则它的内容将被覆盖。使用参数 append=TRUE 可以将文本追加到文件后,而不是覆盖文件。参数 split=TRUE 可将输出同时发送到屏幕和输出文件中,不加参数调用命令 sink()将仅向屏幕返回输出结果。如:

```
#将当前输出结果保存到文件 myoutput 中,并显示在屏幕上
>sink("myoutput",append = TRUE,split = TRUE)
```

需要进行图形输出时,可使用表1-4中列出的函数,最后使用 dev.off()将输出返回到终端。

表1-4 用于保存图形输出的函数

函数	输出
bmp("filename.bmp")	BMP 文件
jpeg("filename.jpg")	JPEG 文件
pdf("filename.pdf")	PDF 文件
png("filename.png")	PNG 文件
postscript("filename.ps")	PostScript 文件
svg("filename.svg")	SVG 文件
win.metafile("filename.wmf")	Windows 图元文件

来源:Robert I Kabacoff,2016.

1.3 包

R系统提供了大量现成的数据分析包供用户使用,包括它自带的基础包和其他科研人员开发的数据分析包,这些包(package)的开源模块可从 http://

cran. r-project. org/web/packages 下载。这些包提供了强大的数据分析功能，在本书的实战篇中会多次用到这些可选包。

1.3.1 什么是包

包是 R 函数、数据、预编译代码以一种定义完善的格式组成的集合。计算机上存储包的目录称为库(library)。函数 libPaths()能够显示库所在的位置，函数 library()则可以显示库中有哪些包。

R 自带了一系列默认包(包括 base、datasets、utils、grDevices、graphics、stats 和 methods)，它们提供了种类繁多的默认函数和数据集。其他包可通过下载来进行安装，安装好以后，它们必须被载入会话中才能使用。命令 search()可以告诉你哪些包已加载并可使用。

1.3.2 包的安装

有许多 R 函数可以用来管理包。第一次安装一个包，使用命令 install. packages()即可。例如，包 gclus 中提供了创建增强型散点图的函数，则使用如下命令来下载和安装它。

```
>install.packages("gclus")
```

一个包仅需安装一次，但和其他软件类似，包经常被其作者更新，使用命令 update. packages()可以更新已经安装的包。如：

```
>update.packages("gclus")
```

要查看已安装包的描述，可以使用 installed. packages()命令，这将列出安装的包，以及它们的版本号、依赖关系等信息。如：

```
>installed.packages("gclus")
```

1.3.3 包的载入

包的安装是指从某个 CRAN 镜像站点下载它并将其放入库中的过程。但是要在 R 中使用它，还需要使用 library()命令来载入这个包。如：

```
>library(gclus)
```

注：载入包时，包名不需要用引号闭合。载入包之前必须确认已经安装了这个包。在一个会话中，包只需载入一次，如果需要，可以自定义启动环境以自动

载入会频繁使用的那些包。

1.3.4　包的使用方法

载入一个包后，就可以使用包内的函数和数据集。帮助系统包含了每个函数的一个描述(同时带有示例)，每个数据集的信息也被包含其中，命令 help(package="package_name")可以输出某个包的简短描述以及包中的函数名称和数据集名称的列表。使用函数 help()可以查看其中任意函数或数据集的更多细节(图 1-14)。这些信息也能以 PDF 帮助手册的形式从 CRAN 下载。

```
>help(package = "gclus")
```

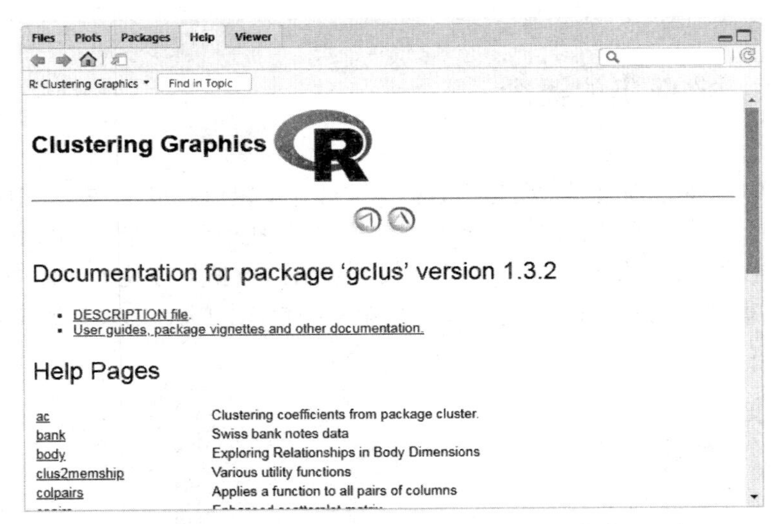

图 1-14　命令 help 输出“gclus 包”的简短描述、包中的函数名称和数据集名称的列表

第 2 章　数据集创建

2.1　数据集的概念

R 语言中的数据集通常是指由数据构成的一个矩形数组，行表示观测，列表示变量。R 语言中有许多用于存储数据的结构，包括标量、向量、数组、数据框和列表，多样化的数据结构赋予了 R 语言极其灵活的数据处理能力。R 语言可以处理的数据类型包括数值型、字符型、逻辑型（TRUE/FALSE）、复数型（虚数）和原生型（字节）。

2.2　数据结构

R 语言拥有许多用于存储数据的对象类型，包括标量、向量、矩阵、数组、数据框和列表。它们在存储数据的类型、创建方式、结构复杂度，以及用于定位和访问其中个别元素的标记等方面均有所不同。

2.2.1　向量

向量用于存储数值型、字符型或逻辑型数据的一维数据。函数 c()可用来创建向量。如：

```
>a<-c(1,2,3,4,5,6)
>b<-c("one","two","three")
>c<-c(TRUE,TRUE,FALSE,TRUE)
```

我们在资源栏中可以看到 a 是数值型向量，b 是字符型向量，c 是逻辑型向量（图 2-1）。

Environment　History　Connections

Import Dataset

Global Environment

values	
a	num [1:6] 1 2 3 4 5 6
b	chr [1:3] "one" "two" "three"
c	logi [1:4] TRUE TRUE FALSE TRUE

图 2-1　资源栏中同步显示的变量内容

注：单个向量中不能同时包含不同类型的数据。

通过在方括号中给定元素所处位置的数值，我们可以访问向量中的元素。如：

```
#访问向量 a 中的第三个元素
>a[3]
[1] 3
```

同时我们也可以使用冒号来生成如向量 a 的数值序列，如：

```
>a<-c(1:6)
>a
[] 1 2 3 4 5 6
```

2.2.2　矩阵

矩阵是一个二维数组，但里面的每个元素是相同的类型（数值型、字符型或逻辑型）。函数 matrix()可用来创建矩阵。其标准格式为：

```
matrix(vector,nrow = number_of_rows,ncol = number_of_columns,byrow = logical_value,dimnames = list(char_vector_rownames,char_vector_colnames))
```

其中 vector 包含了矩阵的元素，nrow 和 ncol 用来指定行和列的维数，dimnames 包含了可选的、以字符型向量表示的行名和列名。参数 byrow 则用来设置矩阵按行（byrow＝TRUE）或按列（byrow＝FALSE）填充，默认情况下按列填充。如：

例 1

```
#创建一个4×4的矩阵,默认按列填充1至16个数值
>y<-matrix(1:16,nrow = 4,ncol = 4)
>y
     [,1] [,2] [,3] [,4]
[1,]    1    5    9   13
[2,]    2    6   10   14
[3,]    3    7   11   15
[4,]    4    8   12   16
```

例 2

```
#填充的数据
>cells<-c(1:16)
#行名
>row_names<-c("row1","row2","row3","row4")
#列名
>col_names<-c("col1","col2","col3","col4")
#按行填充的4×4矩阵
>m<-matrix(cells,nrow = 4,ncol = 4,byrow = TRUE,dimnames = list(row_names,col_names))
>m
     col1 col2 col3 col4
row1    1    2    3    4
row2    5    6    7    8
row3    9   10   11   12
row4   13   14   15   16
#按列填充的4×4矩阵
>m<-matrix(cells,nrow = 4,ncol = 4,byrow = FALSE,dimnames = list(row_names,col_names))
>m
     col1 col2 col3 col4
row1    1    5    9   13
row2    2    6   10   14
row3    3    7   11   15
row4    4    8   12   16
```

我们可以使用下标和方括号来选择矩阵中的行、列或元素。x[i,]指矩阵 x

中的第 i 行，x[,j]指第 j 列，x[i,j]指第 i 行第 j 列的元素。选择多行或多列时，下标 i 和 j 可为数值型向量。如：

```
#创建一个 4×4 的矩阵，默认按列填充 1 至 16 个数值
>y<-matrix(1:16,nrow = 4,ncol = 4)
>y
     [,1] [,2] [,3] [,4]
[1,]    1    5    9   13
[2,]    2    6   10   14
[3,]    3    7   11   15
[4,]    4    8   12   16
#获取第 2 行数据
>y[2,]
[1] 2 6 10 14
#获取第 2 列数据
>y[,2]
[1] 5 6 7 8
#获取第 3 行第 4 列的数据
>y[3,4]
[1] 15
#获取第 1 行，第 2 至 4 列的数据
>y[1,c(2:4)]
[1] 5 9 13
```

2.2.3　数组

数组(array)与矩阵类似，但是维度可以大于 2。函数 array()可用来创建数组，其标准格式如下：

```
array(vector,dimensions,dimnames)
```

其中 vector 包含了数组中的数据，dimensions 是一个数值型向量，给出了各个维度下标的最大值，dimnames 是可选的、各维度名称标签的列表。如：

```
#创建一个三维(2×3×4)的数值型数组
>dim1<-c("A1","A2")
>dim2<-c("B1","B2","B3")
>dim3<-c("C1","C2","C3","C4")
```

```
>m<-array(1:24,c(2,3,4),dimnames = list(dim1,dim2,dim3))
>m
,, C1

   B1  B2  B3
A1  1   3   5
A2  2   4   6

,, C2

    B1  B2  B3
A1  7   9   11
A2  8   10  12

,, C3

    B1  B2  B3
A1  13  15  17
A2  14  16  18

,, C4

    B1  B2  B3
A1  19  21  23
A2  20  22  24
```

2.2.4 数据框

数据框是R语言中最常处理的数据结构，其不同的列可以包含不同模式（数值型、字符型等）的数据。函数 data.frame()可以创建新的数据框，其标准格式为：

```
data.frame(col1,col2,col3,...)
```

其中的列向量 col1、col2、col3 等可为任何类型（如字符型、数值型或逻辑型）。每一列的名称可由函数 names 指定。如：

```
>patientID<-c(1,2,3,4)
>age<-c(25,34,28,52)
>diabetes<-c("Type1","Type2","Type1","Type1")
>status<-c("Poor","Improved","Excellent","Poor")
>patientdata<-data.frame(patientID,age,diabetes,status)
>patientdata
```

```
  Patient ID age  diabetes  status
1          1  25     Type1     Poor
2          2  34     Type2  Improved
3          3  28     Type1  Excellent
4          4  52     Type1     Poor
```

每一列数据的数据类型必须是一致的，但不同列的数据可以是不同数据类型，选取框内数据的方式有很多种，如：

```
#利用下标来选取列数据
>patientdata[1:2]
  patient ID age
1          1  25
2          2  34
3          3  28
4          4  52
#利用变量名来选取列数据
>patientdata[c("diabetes","status")]
  diabetes     status
1      Type1      Poor
2      Type2      Improved
3      Type1      Excellent
4      Type1      Poor
#利用符号$指定选取某变量名的数据
>patientdata$age
[1] 25 34 28 52
```

当然每一次键入 patientdata$ 会特别麻烦，所以我们可以用 attach()和detach()来简化代码，如：

```
>attach(patientdata)
>table(diabetes,status)
          status
diabetes Excellent Improved Poor
  Type1          1        0    2
  Type2          0        1    0
>detach(patientdata)
```

2.2.5 因子

变量可归结为名义型、有序型或连续型变量。名义型变量没有顺序之分，而有序型变量则代表一种顺序关系，但并非数量关系。如病情 status(poor，improved，excellent)。连续型变量表现为某个范围内的任意值，并同时表示了顺序和数量。

类别(名义型)变量和有序类别(有序型)变量在 R 中称为因子。函数 factor()用来产生向量的类别，它以一个整数向量的形式存储类别值，整数的取值范围是[1,2,3,…,k](其中 k 是名义型变量中唯一值的个数)，同时一个由字符串(原始值)组成的内部向量将映射到这些整数上。如：

```
#以向量形式输入数据
>patientID<-c(1,2,3,4)
>age<-c(25,34,28,52)
>diabetes<-c("Type1","Type2","Type1","Type1")
>status<-c("Poor","Improved","Excellent","Poor")
>diabetes<-factor(diabetes)
>status<-factor(status,ordered = TRUE)
>patientdata<-data.frame(patientID,age,diabetes,status)
#显示对象的结构
>str(patientdata)
'data.frame':   4 obs. of 4 variables:
 $ patientID: num 1 2 3 4
 $ age : num 25 34 28 52
 $ diabetes : Factor w/ 2 levels "Type1","Type2": 1 2 1 1
 $ status : Ord.factor w/ 3 levels "Excellent"<"Improved"<..: 3 2 1 3
```

2.2.6 列表

列表是 R 数据类型中最为复杂的一种。一般来说，列表就是一些对象(或成分)的有序集合。函数 list()用来创建列表，其标准格式为：

```
list(object1,object2,...)
或 list(name1 = object1,name2 = object2,...)
```

如：

```
#创建列表,包含四种数据
```

```
>g<-"My First List"
>h<-c(25,26,18,39)
>j<-matrix(1:10,nrow = 5)
>k<-c("one","two","three")
>mylist<-list(title = g,ages = h,j,k)
>mylist
$title
[1] "My First List"

$ages
[1] 25 26 18 39

[[3]]
     [,1] [,2]
[1,]    1    6
[2,]    2    7
[3,]    3    8
[4,]    4    9
[5,]    5   10

[[4]]
[1] "one"   "two"   "three"
#读取指定变量数据
>mylist[[2]]
[1] 25 26 18 39
>mylist[["ages"]]
[1] 25 26 18 39
```

2.3　数据载入

在进行数据分析时,我们通常会面对来自多种数据源和数据格式的数据,我们首先是要将这些数据导入 R 语言,才能进行相关的分析和得到结果。R 语言提供了适用范围广泛的数据导入工具。向 R 中导入数据的权威指南参见在 http://cran.r-project.org/doc/manuals/R-data.pdf 下载的 R Data Import/Export手册。

R 语言可以通过键盘、文本文件、Microsoft Excel、Access、流行的统计软件

(SAS、SPSS)、数据库、网站等形式导入数据，下面我们来详细介绍一下几类主要的数据格式导入方法。

2.3.1 键盘输入

在通过键盘输入数据时，有两种常见的方式：用R内置的文本编辑器和直接在代码中嵌入数据。首先考虑用内置的文本编辑器。函数 edit()会自动调用手动输入数据的文本编辑器。具体步骤如下：

(1)创建一个空数据框(或矩阵)。

(2)针对这个数据对象调用文本编辑器，输入需要的数据，并将结果保存回此数据对象中。其中输入的数据需与创建时设置的变量名和变量类型保持一致(图 2-2)。如：

```
#其中 age = numeric(0)表示创建一个指定数据类型但不包含具体数据的变量
>mydata<-data.frame(age = numeric(0),gender = character(0),weight = numeric(0))
#编辑的结果需要赋值回对象本身,不然所有修改将会全部丢失
>mydata<-edit(mydata)
```

图 2-2 调用数据编辑器后的窗口界面

单击列的标题，可以修改变量名和变量类型(数值型 numeric 和字符型 character)，也可以单击未命令的列来添加新的变量(图 2-3)。

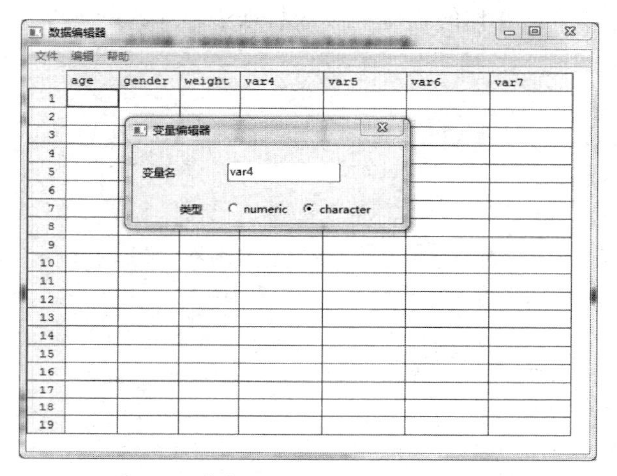

图 2-3　单击列的标题弹出的修改界面

输入完毕后，关闭编辑器，可以看到数据库已经赋值完毕。

```
＞mydata
  age  gender  weight
1  23  female    50
2  34   male     70
3  45   male     72
4  31  female    55
5  54   male     75
```

(3)再次调用＞ mydata<-edit(mydata)可重新进入编辑器，对数据进行修改或增加(图 2-4)。

图 2-4　再次调用"＞ mydata<-edit(mydata) "弹出的窗口

此外，也可以直接在你的程序中嵌入数据集。如：

```
>mydata<-"
+   age gender weight
+   25 male 166
+   30 female 115
+   18 female 120"
#read.table()函数被用于处理字符串并返回数据框
>mydata<-read.table(header = TRUE,text = mydata)
>mydata
  age gender weight
1  25   male  166
2  30 female  115
3  18 female  120
```

键盘输入在处理数据量较小的案例时比较有效，但对于数据量较大的，则需要采用其他导入方式。

2.3.2 带分隔符的文本文件导入数据

函数 read. table()用来从带分隔符的文本文件中导入数据。其标准格式为：

```
read.table(file.options)
```

其中，file 是一个带分隔符的 ASCII 文本文件，options 是控制如何处理数据的选项(表 2-1)。函数可以读入一个表格格式的文本文件，并将其保存为一个数据框，数据框的每一行对应文件中的每一行。

表 2-1 函数 read. table()的选项

选项	描述
header	一个表示文件是否在第一行包含了变量名的逻辑型变量
sep	分开数据值的分隔符。默认是 sep="",这表示了一个或多个空格、制表符、换行或回车。使用 sep=","来读取用逗号来分割行内数据的文件，使用 sep="\t"来读取使用制表符来分割行内数据的文件
row. names	一个用于指定一个或多个行标记符的可选参数

续表 2-1

选项	描述
col. names	如果数据文件的第一行不包括变量名(header＝FALSE),你可以用 col. names 去指定一个包含变量名的字符向量。如果 header＝FALSE 以及 col. names 选项被省略了,变量会被分别命名为 V1、V2,依此类推
na. strings	可选的用于表示缺失值的字符向量。比如说,na. strings＝c("-9","?")把-9 和? 值在读取时转换成 NA
colClasses	可选的分配到每一列的类向量。比如说,colClasses＝c("numeric","numeric","character","NULL","numeric")把前两列读取为数值型变量,把第三列读取为字符型向量,跳过第四列,把第五列读取为数值型向量。如果数据有多余五列,colClasses 的值会被循环。当你在读取大型文本文件时,加上 colClasses 选项可以可观地提升处理的速度
quote	用于对有特殊字符的字符串划定界限的字符串。默认值是双引号(")或单引号(')
skip	读取数据前跳过的行的数目。这个选项在跳过头注释的时候比较有用
stringsAsFactors	一个逻辑变量,标记处字符向量是否需要转化为因子。默认值是 TRUE,除非它被 colClasses 覆盖。当你在处理大型文本文件时,设置成 stringsAsFactors＝FALSE 可以提升处理速度
text	一个指定文字进行处理的字符串。如果 text 被设置了,file 应该留空

来源:Robert I Kabacoff,2016

假设我们有一个 Student. txt 的文本文件(图 2-5),它包含了学生的学号、姓名以及数学、语文、英语的分数,文件中第一行为变量名,用逗号分隔,第二行开始每行代表一位学生的所有信息,也用逗号进行分隔。如:

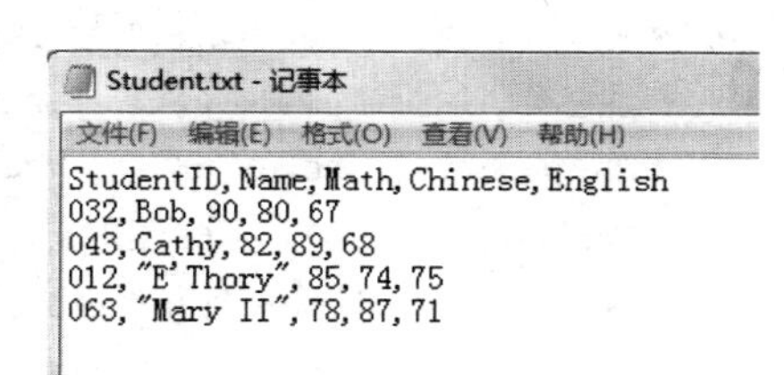

图 2-5　包含学生信息的简单数据集展示

在 R 中利用函数将文件中的数据读入数据框,如:

```
>student<-read.table("Student.txt",header = TRUE,row.names = "StudentID",sep = ",")
>student
      Name    Math Chinese English
32      Bob     90     80     67
43    Cathy     82     NA     68
12  E'Thory     85     74     75
63  Mary II     78     87     71
```

从结果可见，列 StudentID 不再作为标签出现，只是行名，前面缺失了 0。Cathy 缺失的语文成绩也被识别为缺失值，以 NA 表示。文件中双引号包围的名字被正确读取，以防止其中的单引号和空格被错误读取。

一般 read.table()会默认将字符变量转化为因子，如：

```
>str(student)
'data.frame':        4 obs. of 4 variables:
 $ Name   : Factor w/ 4 levels "Bob","Cathy",..: 1 2 3 4
 $ Math   : int 90 82 85 78
 $ Chinese: int 80 NA 74 87
 $ English: int 67 68 75 71
```

我们可以通过加上选项 stringsAsFactors=FALSE 对所有字符变量去掉这个转化行为，也可以用 colClasses 选项对每一列都指定一个数据类型（比如，逻辑型、数值型、字符型或因子型），如：

```
#设置选项 stringsAsFactors = FALSE,不将字符变量转化为因子
>student<-read.table("Student.txt",header = TRUE,row.names = "StudentID",sep =
",",stringsAsFactors = FALSE)
#变量 Name 不被看作因子
>str(student)
'data.frame':        4 obs. of 4 variables:
 $ Name   : chr  "Bob""Cathy" "E'Thory" "Mary II"
 $ Math   : int   90    82    85    78
 $ Chinese: int   80    NA    74    87
 $ English: int   67    68    75    71
#设置选项 colClasses 为每一列变量指定数据类型
>student<-read.table("Student.txt",header = TRUE,row.names = "StudentID",sep =
",",colClasses = c("character","character","numeric","numeric","numeric"))
```

```
#设置选项后,列 StudentID 保留了前缀 0
>student
        Name    Math Chinese English
032      Bob     90     80     67
043    Cathy     82     NA     68
012  E'Thory     85     74     75
063  Mary II     78     87     71
#设置选项后,变量 Name 不被看作因子,各学科成绩的数据类型变为实数型
>str(student)
'data.frame':          4 obs. of 4 variables:
 $ Name   : chr  "Bob" "Cathy" "E'Thory" "Mary II"
 $ Math   : num   90    82       85        78
 $ Chinese: num   80    NA       74        87
 $ English: num   67    68       75        71
```

函数 read. table()中更多详细的功能可以通过 help(read. table)进行了解。

2.3.3　Excel 数据导入

在 R 中,我们可以利用 xlsx 包直接导入 Excel 工作表。在第一次使用之前,我们必须确保已经下载和安装了 xlsx 包。xlsx 包可以用来对 Excel 97/2000/XP/2003/2007 文件进行读取、写入和格式转换。函数 read. xlsx()导入一个工作表(图 2-6)到一个数据框中,其标准格式为:

```
read.xlsx(file,n)
```

其中 file 是 Excel 工作簿的所在路径,n 为要导入的工作表序号。如:

```
#安装 xlsx 包
>install.packages('xlsx')
#载入 xlsx 包
>library(xlsx)
#文件路径,若导入文件不在当前工作目录下,需写明完整的绝对路径
>workbook<-"Book1.xlsx"
#利用 read.xlsx()导入指定数据到数据框,这里导入的是 Excel 文件中的 sheet1
>dataframe<-read.xlsx(workbook,1)
>dataframe
      x1     x2     x3    x4     x5     x6     x7    x8
1  32.38   6.69  16.16  4.92  10.99  11.09  16.11  1.65
```

```
2  38.52   6.86 19.23 4.11  6.70  8.72 14.26 1.60
3  42.51   6.92 18.58 4.38  6.32  9.62  9.95 1.71
4  45.76  10.49 10.95 3.62  5.15  7.94 14.36 1.72
5  42.69   6.41 12.79 3.36  7.42 11.62 14.02 1.69
6  46.41   7.48 13.99 3.50  7.00  9.01 10.51 2.09
7  45.61   6.77 11.00 3.15  8.18 10.91 12.04 2.35
8  40.85   6.74 21.16 2.71  7.13  9.57 10.26 1.57
9  34.62   4.42 22.85 5.44  6.71 11.38 12.73 1.85
10 44.04   5.46 15.63 4.73  5.45  9.79 12.48 2.42
```

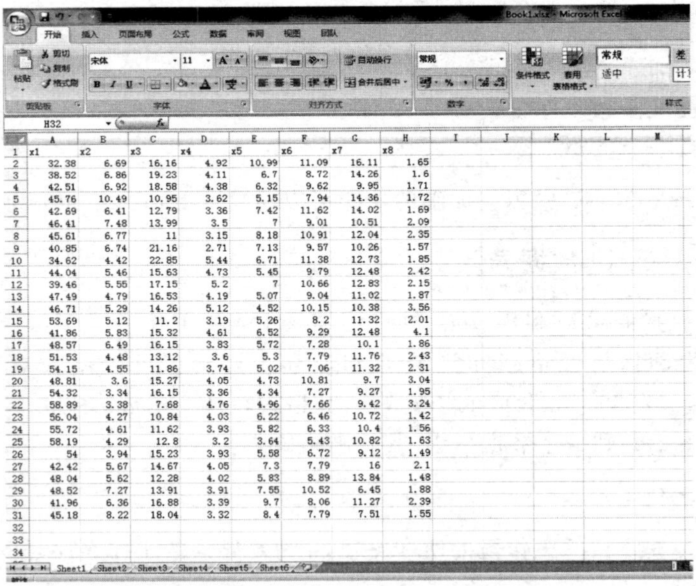

	A	B	C	D	E	F	G	H
1	x1	x2	x3	x4	x5	x6	x7	x8
2	32.38	6.69	16.16	4.92	10.99	11.09	16.11	1.65
3	38.52	6.86	19.23	4.11	6.7	8.72	14.26	1.6
4	42.51	6.92	18.58	4.38	6.32	9.62	9.95	1.71
5	45.76	10.49	10.95	3.62	5.15	7.94	14.36	1.72
6	42.69	6.41	12.79	3.36	7.42	11.62	14.02	1.69
7	46.41	7.48	13.99	3.5	7	9.01	10.51	2.09
8	45.61	6.77	11	3.15	8.18	10.91	12.04	2.35
9	40.85	6.74	21.16	2.71	7.13	9.57	10.26	1.57
10	34.62	4.42	22.85	5.44	6.71	11.38	12.73	1.85
11	44.04	5.46	15.63	4.73	5.45	9.79	12.48	2.42
12	39.46	5.55	17.15	5.2	7	10.66	12.83	2.15
13	47.49	4.79	16.53	4.19	5.07	9.04	11.02	1.87
14	46.71	5.29	14.26	5.12	4.52	10.15	10.38	3.56
15	53.69	5.12	11.2	3.19	5.26	8.2	11.32	2.01
16	41.86	5.83	15.32	4.61	6.52	9.29	12.48	4.1
17	48.57	6.49	16.15	3.83	5.72	7.28	10.1	1.86
18	51.53	4.48	13.12	3.6	5.3	7.79	11.76	2.43
19	54.15	4.55	11.86	3.74	5.02	7.06	11.32	2.31
20	48.81	3.6	15.27	4.05	4.73	10.81	9.7	3.04
21	54.32	3.34	16.15	3.36	4.34	7.27	9.27	1.95
22	58.89	3.38	7.68	4.76	4.96	7.66	9.42	3.24
23	56.04	4.27	10.84	4.03	6.22	6.46	10.72	1.42
24	55.72	4.61	11.62	3.93	5.82	6.33	10.4	1.56
25	58.19	4.29	12.8	3.2	3.64	5.43	10.82	1.63
26	54	3.94	15.23	3.93	5.58	6.72	9.12	1.49
27	42.42	5.67	14.67	4.05	7.3	7.79	16	2.1
28	48.04	5.62	12.28	4.02	5.83	8.89	13.84	1.48
29	48.52	7.27	13.91	3.91	7.55	10.52	6.45	1.88
30	41.96	6.36	16.88	3.39	9.7	8.06	11.27	2.39
31	45.18	8.22	18.04	3.32	8.4	7.79	7.51	1.55

图 2-6 Excel表中存放的数据展示

2.3.4 SPSS 数据导入

IBM SPSS 数据集(如图 2-7 所示)可以通过 foreign 包中的函数 read.spss()导入 R 语言中,也可以使用 Hmisc 包中的 spss.get()函数。函数 spss.get()是对 read.spss()的一个封装,它可以自动设置许多参数,让转换过程更简单一致些。如:

```
>install.packages("Hmisc")
>library(Hmisc)
>dataframe<-spss.get("data.sav",use.value.labels = TRUE)
```

```
>dataframe
  VAR00001 VAR00002 VAR00003 VAR00004
1        1       67       21       76
2        2       56       23       65
3        3       45       25       67
4        5       56       43       76
5        6       43       32       67
6        6       56       15       76
7       NA       NA       NA       NA
```

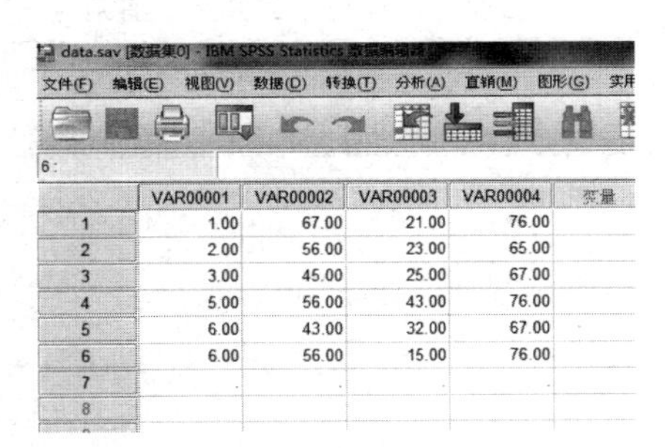

	VAR00001	VAR00002	VAR00003	VAR00004
1	1.00	67.00	21.00	76.00
2	2.00	56.00	23.00	65.00
3	3.00	45.00	25.00	67.00
4	5.00	56.00	43.00	76.00
5	6.00	43.00	32.00	67.00
6	6.00	56.00	15.00	76.00
7	.	.	.	.
8				

图 2-7　SPSS 数据集展示

2.4　处理数据对象的实用函数

简要总结一下实用的数据对象处理函数(表 2-2)。

表 2-2　处理数据对象的实用函数

函数	用途
length(object)	显示对象中元素/成分的数量
dim(object)	显示某个对象的维度
str(object)	显示某个对象的结构
class(object)	显示某个对象的类或类型
mode(object)	显示某个对象的模式
names(object)	显示某对象中各成分的名称
c(object,object,...)	将对象合并入一个向量
cbind(object,object,...)	按列合并对象

续表 2-2

函数	用途
rbind(object,object,...)	按行合并对象
object	输出某个对象
head(object)	列出某个对象的开始部分
tail(object)	列出某个对象的最后部分
ls()	显示当前的对象列表
rm(object,object,...)	删除一个或更多个对象。语句 rm(list=ls())将删除当前工作环境中的几乎所有对象
newobject<-edit(object)	编辑对象并另存为 newobject
fix(object)	直接编辑对象

来源:Robert I Kabacoff，2016

第3章　数据管理

3.1　创建新变量

在进行数据分析时，我们需要创建新变量或者对已有变量进行调整，我们可以通过变量名<-表达式来完成，其中可用到多种运算符和函数，如表3-1所示。

表3-1　算术运算符

运算符	描述
+	加
—	减
*	乘
/	除
^或**	求幂
x%%y	求余（x mod y）。5%%2的结果为1
x%/%y	整数除法。5%/%2的结果为2

如：

```
#创建数据框mydata
>mydata<-data.frame(x1 = c(2,3,1,4),x2 = c(5,6,1,3))
#我们采用三种方式来创建新的变量,并保存到数据框中
#1.利用$来提取特定变量进行操作,并保存到数据框mydata中
>mydata$sumx<-mydata$x1 + mydata$x2
>mydata$meanx<-(mydata$x1 + mydata$x2)/2
```

```
#2.利用 attach,简化提取特定变量步骤
>attach(mydata)
>mydata$sumx<-x1 + x2
>mydata$meanx<-(x1 + x2)/2
>detach(mydata)
#3.利用 transform()函数简化创建新变量并将其保存到数据框中的过程
>mydata<-transform(mydata,sumx = x1 + x2,meanx = (x1 + x2)/2)
#通过三种方式操作后得到的 mydata 结果如下
>mydata
  x1 x2 sumx meanx
1  2  5  7  3.5
2  3  6  9  4.5
3  1  1  2  1.0
4  4  3  7  3.5
```

3.2 变量重编码

重编码即根据同一个变量和/或其他变量的现有值创建新值的过程。在 R 中可使用逻辑运算符来实现重编码变量(表 3-2)。

表 3-2 逻辑运算符

运算符	描述
<	小于
<=	小于或等于
>	大于
>=	大于或等于
==	严格等于
!=	不等于
!x	非 x
x|y	x 或 y
x&y	x 和 y
is TRUE(x)	测试 x 是否为 TRUE

如：

```
# 创建关于年龄的数据框
>mydata<-data.frame(age=c(56,89,99,35,65,74,45,62,47,99,76,30))
>mydata
  age
1  56
2  89
3  99
4  35
5  65
6  74
7  45
8  62
9  47
10 99
11 76
12 30
# 将 99 的年龄值重编码为缺失值
>mydata$age[mydata$age==99]<-NA
# 以下为条件判断语句,仅在条件符合时执行赋值
# 在 mydata$agetype 中写上数据框的名称,以确保新变量能够保存到数据框中
>mydata$agetype[mydata$age>75]<-"Elder"
>mydata$agetype[mydata$age>=55&mydata$age<=75]<-"Middle Aged"
>mydata$agetype[mydata$age<55]<-"Young"
# 重编码后的数据框,年龄大于 75 为 Elder,小于 55 为 Young,大于等于 55 小于等于 75 为 Middle Aged
>mydata
  age     agetype
1  56 Middle Aged
2  89       Elder
3  NA        <NA>
4  35       Young
5  65 Middle Aged
6  74 Middle Aged
7  45       Young
```

```
8  62  Middle Aged
9  47        Young
10  NA        <NA>
11  76        Elder
12  30        Young
```

3.3 变量重命名

如果对现有的变量名不满意，我们可以用交互或编程的方式修改它们，例如数据框 mydata 中的变量名 name 修改为 nametest，变量名 date 修改为 datetest。

```
>mydata<-data.frame(name = c("Bob","Jane","Mary","Lucy","Cathy"),age = c(56,89,99,35,65),gender = c("M","F","F","F","M"),date = c("12/5/19","10/11/19","10/25/19","9/11/19","12/25/19"))
>mydata
   name  age  gender  date
1   Bob   56    M     12/5/19
2   Jane  89    F    10/11/19
3   Mary  99    F    10/25/19
4   Lucy  35    F     9/11/19
5  Cathy  65    M    12/25/19
```

交互式修改方法，在 R 中输入以下语句，如：

```
>fix(mydata)
```

会弹出一个数据框编辑器，单击变量名，在弹出对话框中可对其重命名(图 3-1)。

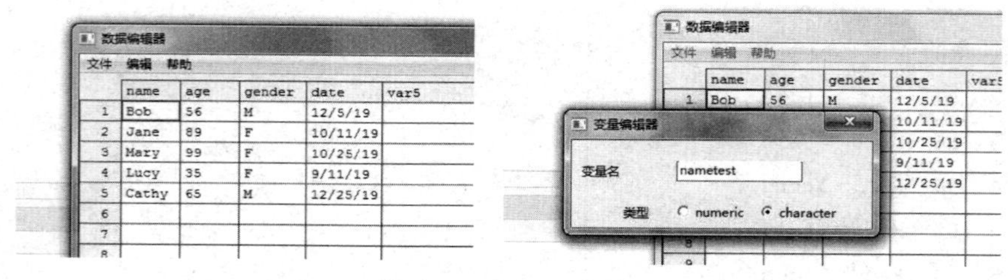

图 3-1 执行 fix 命令后弹出的对话框

最终结果如下：

```
>mydata
  nametest  age  gender  datetest
1    Bob     56     M     12/5/19
2   Jane     89     F    10/11/19
3   Mary     99     F    10/25/19
4   Lucy     35     F     9/11/19
5  Cathy     65     M    12/25/19
```

若以编程方式修改，则可使用函数 names()来重命名变量。如：

```
>names(mydata)
[1] "nametest" "age""gender""datetest"
>names(mydata)[2]<-"agetest"
>mydata
  nametest  agetest  gender  datetest
1    Bob      56       M      12/5/19
2   Jane      89       F     10/11/19
3   Mary      99       F     10/25/19
4   Lucy      35       F      9/11/19
5  Cathy      65       M     12/25/19
```

也可利用 plyr 包中的 rename()函数，来修改变量名。如：

```
#安装包
>install.packages("plyr")
#加载包
>library(plyr)
#修改变量名
>mydata<-rename(mydata,c(gender = "gendertest"))
>mydata
     nametest  agetest  gendertest  datetest
1       Bob      56          M       12/5/19
2      Jane      89          F      10/11/19
3      Mary      99          F      10/25/19
4      Lucy      35          F       9/11/19
5     Cathy      65          M      12/25/19
```

3.4 缺失值

在数据分析过程中，我们经常碰到数据集中有缺失值，在R中缺失值均以NA表示，不论是字符型或数值型。

R语言中提供了一些函数，用于识别包含缺失值的观测，函数is.na()用来检测缺失值是否存在。如：

```
>x<-c(1,2,3,NA)
>is.na(x)
[1] FALSE FALSE FALSE TRUE
```

该函数将返回一个相同大小的向量，如果向量中某个元素是缺失值，则该元素相应的位置为TRUE，不是缺失值的位置则为FALSE。在处理缺失值时，需注意：①缺失值是不可被比较的，即不能用运算符来检测缺失值是否存在；②在R语言中，无限或不可能出现的数值不能标记为缺失值，正无穷和负无穷分别用Inf和-Inf表示，不可能出现的值用NaN表示，这些值需要用is.infinite()或is.nan()来识别。

3.4.1 重编码某些值为缺失值

在3.2中所示，可以通过使用赋值语句对某些值重编码为缺失值，如将99的年龄值编码为NA。

```
#将99的年龄值重编码为缺失值
>mydata$age[mydata$age == 99]<-NA
```

3.4.2 排除缺失值

确定了缺失值的位置后，我们需要剔除这些缺失值，否则对含有缺失值的数据集进行计算时，计算结果也是缺失值。如：

```
>x<-c(1,2,3,NA)
>y<-sum(x)
>y
[1] NA
```

我们可以使用 na. rm＝TRUE 选项来移除缺失值并使用剩余值进行计算。如：

```
>x<-c(1,2,3,NA)
>y<-sum(x,na.rm = TRUE)
>y
[1] 6
```

我们也可以通过函数 na. omit()移除所有含有缺失值的数据行。如：

```
>mydata
    name   age  gender   date
1    Bob    56     M    12/5/19
2   Jane    89     F   10/11/19
3   Mary    NA   <NA>  10/25/19
4   Lucy    35     F    9/11/19
5  Cathy    65     M   12/25/19
>newdata<-na.omit(mydata)
#新数据清除了含缺失值的那一行
>newdata
    name   age  gender   date
1    Bob    56    M    12/5/19
2   Jane    89    F   10/11/19
4   Lucy    35    F    9/11/19
5  Cathy    65    M   12/25/19
```

3.5 类型转换

R 语言的数据类型转换由类型转换函数实现，如表 3-3 所示。其中函数 is. datatype()返回 TRUE 或 FALSE，而函数 as. datatype()则将其参数转换为对应的类型。

表 3-3 类型转换函数

判断	转换
is. numeric()	as. numeric()

续表 3-3

判断	转换
is. character()	as. character()
is. vector()	as. vector()
is. matrix()	as. matrix()
is. data. frame()	as. data. frame()
is. factor()	as. factor()
is. logical()	as. logical()

如：

```
>x<-c(1,2,3,4)
>x
[1] 1  2  3  4
>is.numeric(x)
[1] TRUE
>is.vector(x)
[1] TRUE
#将 x 转换为字符型
>x<-as.character(x)
>x
[1] "1" "2" "3" "4"
>is.numeric(x)
[1] FALSE
>is.vector(x)
[1] TRUE
>is.character(x)
[1] TRUE
```

3.6 数据排序

排序是数据分析中的常用方法。在 R 语言中，可以使用函数 order()对数据框进行排序，默认排序顺序是升序，在排序变量的前边加一个减号可改变排序顺序为降序。如：

```
>mydata
   name  age  gender    date
1   Bob   56     M     12/5/19
2  Jane   89     F    10/11/19
3  Mary   99     F    10/25/19
4  Lucy   35     F     9/11/19
5 Cathy   65     M    12/25/19
#按照年龄进行升序排列
>newdata<-mydata[order(mydata$age),]
>newdata
   name  age  gender    date
4  Lucy   35     F     9/11/19
1   Bob   56     M     12/5/19
5 Cathy   65     M    12/25/19
2  Jane   89     F    10/11/19
3  Mary   99     F    10/25/19
```

或者利用 attach()函数简化代码。

```
>attach(mydata)
#对数据框按照性别为第一变量,年龄为第二变量进行升序排序
>newdata<-mydata[order(gender,age),]
>newdata
   name  age  gender    date
4  Lucy   35     F     9/11/19
2  Jane   89     F    10/11/19
3  Mary   99     F    10/25/19
1   Bob   56     M     12/5/19
5 Cathy   65     M    12/25/19
>detach(mydata)
#对数据框按照性别为第一变量,年龄为第二变量进行降序排序
>attach(mydata)
>newdata<-mydata[order(gender,-age),]
>newdata
   name  age  gender    date
3  Mary   99     F    10/25/19
2  Jane   89     F    10/11/19
```

```
4    Lucy    35    F     9/11/19
5   Cathy    65    M    12/25/19
1     Bob    56    M     12/5/19
>detach(mydata)
```

3.7 数据集合并

在数据分析中,我们经常会碰到多个数据集合并的问题,通常涉及的是数据框的列或行的添加。

3.7.1 向数据框添加列

横向合并两个数据框,一般用函数 merge()实现。在多数情况下,两个数据框是通过一个或多个共有变量进行联结的(即一种内联结)。

```
>mydata1<-data.frame(name = c("Bob","Jane","Mary","Lucy","Cathy"),age = c(56,89,99,35,65),gender = c("M","F","F","F","M"),date = c("12/5/19","10/11/19","10/25/19","9/11/19","12/25/19"))
>mydata2<-data.frame(name = c("Bob","Jane","Mary","Lucy","Cathy"),weight = c(56,89,99,35,65),Position = c("L","R","R","L","L"))
>mydata1
     name   age  gender     date
1     Bob    56    M       12/5/19
2    Jane    89    F      10/11/19
3    Mary    99    F      10/25/19
4    Lucy    35    F       9/11/19
5   Cathy    65    M 12/25/19
>mydata2
     name weight Position
1     Bob    56    L
2    Jane    89    R
3    Mary    99    R
4    Lucy    35    L
5   Cathy    65    L
#两个数据框均具有相同的变量列 name,以此作为联结的共同列
```

```
>total<-merge(mydata1,mydata2,by = "name")
>total
   name  age gender     date weight Position
1   Bob   56    M    12/5/19     56        L
2 Cathy   65    M   12/25/19     65        L
3  Jane   89    F   10/11/19     89        R
4  Lucy   35    F    9/11/19     35        L
5  Mary   99    F   10/25/19     99        R
```

3.7.2　向数据框添加行

纵向合并两个数据框，一般用函数 rbind()实现。两个数据框必须拥有相同的变量，不过它们的顺序不一定相同。如：

```
> mydata1<-data.frame(name = c("Bob","Jane","Mary","Lucy","Cathy"),age = c(56,
89,99,35,65),gender = c("M","F","F","F","M"),date = c("12/5/19","10/11/19","10/25/
19","9/11/19","12/25/19"))
> mydata2<-data.frame(name = c("Bill","Wing","Cat","Lthon","Chain"),age = c(43,
57,86,35,65),gender = c("M","F","M","M","M"),date = c("10/5/19","12/18/19","8/25/
19","9/27/19","11/25/19"))
>mydata1
   name  age gender     date
1   Bob   56    M    12/5/19
2  Jane   89    F   10/11/19
3  Mary   99    F   10/25/19
4  Lucy   35    F    9/11/19
5 Cathy   65    M   12/25/19
>mydata2
   name  age gender    date
1  Bill   43    M   10/5/19
2  Wing   57    F  12/18/19
3   Cat   86    M   8/25/19
4 Lthon   35    M   9/27/19
5 Chain   65    M  11/25/19
#纵向合并两个数据框
>total<-rbind(mydata1,mydata2)
>total
```

```
     name  age  gender   date
1     Bob   56      M   12/5/19
2    Jane   89      F  10/11/19
3    Mary   99      F  10/25/19
4    Lucy   35      F   9/11/19
5   Cathy   65      M  12/25/19
6    Bill   43      M   10/5/19
7    Wing   57      F  12/18/19
8     Cat   86      M   8/25/19
9   Lthon   35      M   9/27/19
10  Chain   65      M  11/25/19
```

3.8 数据集取子集

R语言具有强大的索引特性,可以用于访问对象中的元素。函数 subset()是用来选择特定列和行最简单的方法了。如:

```
> mydata<-data.frame(name = c("Bob","Jane","Mary","Lucy","Cathy"),age = c(56,89,99,35,65),gender = c("M","F","F","F","M"),date = c("12/5/19","10/11/19","10/25/19","9/11/19","12/25/19"))
>mydata
     name  age  gender   date
1     Bob   56      M   12/5/19
2    Jane   89      F  10/11/19
3    Mary   99      F  10/25/19
4    Lucy   35      F   9/11/19
5   Cathy   65      M  12/25/19
#选择 age 大于等于 35 小于等于 75 的数据行,并保留 name 和 gender 两列变量
>newdata<-subset(mydata,age> = 35&age< = 75,select = c(name,gender))
>newdata
     name gender
1     Bob     M
4    Lucy     F
5   Cathy     M
```

3.9　控制流

在程序运行中，一般默认的是从上至下的顺序进行执行，但我们有时需要执行特定条件下的代码语句，比如重复和循环、条件执行等。

3.9.1　重复和循环

循环结构一般指重复地执行一个或一系列语句，直到某个条件不为真为止。循环结构包括 for 结构和 while 结构。

1. for 结构

for 循环重复地执行某一个语句，直到某个变量的值不再包含在序列 seq 中为止。其标准语法为：

```
for (var in seq) statement
```

如：

```
#单词 hello 被输出了 10 次
>for (i in 1:10) print("hello")
[1] "hello"
[1] "hello"
[1] "hello"
[1] "hello"
[1] "hello"
[1] "hello"
[1] "hello"
[1] "hello"
[1] "hello"
[1] "hello"
```

2. while 结构

while 循环重复地执行一个语句，直到条件不为真为止。其标准语法为：

```
while (cond) statement
```

如：

```
#单词 hello 被输出了 10 次
>i<-10
#在条件语句中,应确保让变量在某个时刻不再为真,否则 while 循环将一直继续下去,这非常危险
>while (i>0) {print("hello");i<-i-1}
[1] "hello"
[1] "hello"
[1] "hello"
[1] "hello"
[1] "hello"
[1] "hello"
[1] "hello"
[1] "hello"
[1] "hello"
[1] "hello"
```

3.9.2 条件执行

在条件执行结构中,一条或一组语句仅在满足一个指定条件时执行。条件执行结构包括 if-else、ifelse 和 switch。

1. if-else 结构

if-else 在某个给定条件为真时执行语句。也可以同时在条件为假时执行另外的语句。其标准语法为:

```
if (cond) statement
if (cond) statement1 else statement2
```

如:

```
#将 i 赋值为数值型变量
>i<-10
#判断当 i 为数值型变量时,将其转换为字符型变量
>if (is.numeric(i)) i<-as.character(i)
>is.character(i)
[1] TRUE
#判断 i 是否为字符型变量,如果不是,转换为字符型变量,如果是,则打印文字信息
>if (!is.character(i)) i<-as.character(i) else print("It is already a character!")
```

```
[1] "It is already a character!"
```

2. ifelse 结构

ifelse 是 if-else 的简化版，其标准语法为：

```
ifelse (cond,statement1,statement2)
```

若 cond 判断为 TRUE，则执行 statement1，若为 FALSE，则执行 statement2。如：

```
>i<-10
#判断 i 是否为数值型变量，若是，则输出"It is a numeric!"，若不是，则输出"Please change the data type!"
>ifelse(is.numeric(i),print("It is a numeric!"),print("Please change the data type!"))
[1] "It is a numeric!"
>i<-as.character(i)
>ifelse(is.numeric(i),print("It is a numeric!"),print("Please change the data type!"))
[1] "Please change the data type!"
```

3. switch 结构

switch 根据一个表达式的值来选择执行语句。其标准语法为：

```
switch(expr,...)
```

其中...表示与 expr 的各种可能输出值绑定的语句。如：

```
>x<-c("a","b","c","d")
>for(i in x)
+   print(switch(i,a = "This is one!",b = "This is two!",c = "This is three!",d = "This is four!"))
[1] "This is one!"
[1] "This is two!"
[1] "This is three!"
[1] "This is four!"
```

3.10　用户自定义函数

R 语言中也提供了自定义函数的功能，自定义函数的结构为：

```
myfunction<-function(arg1,arg2,...)
{
statements
return(object)
}
```

函数中的对象只能在函数内部使用。返回对象的数据类型是任意的，从标量到列表都可以。如：

```
#构建 mydate 函数
mydate<-function(type = "long"){
  switch(type,
         long = "This is longtype",
         short = "This is longtype",
         cat(type,"is not a recognized type\n")
  )
}
#运行函数
>mydate("long")
[1] "This is longtype"
>mydate("short")
[1] "This is longtype"
>mydate("unknown")
unknown is not a recognized type
```

第4章　R语言的基本绘图

4.1　创建新图形

R语言不仅拥有强大的数据分析功能，还是方便快捷的图形绘制平台。下面我们从一个简单的例子(表4-1)来了解一下图形创建与保存。

表4-1　病人对两种药物五个剂量水平上的响应情况

剂量	对药物A的响应	对药物B的响应
20	16	15
30	20	18
40	27	25
45	40	31
60	60	40

来源：Robert I Kabacoff，2016

表4-1描述了病人对两种药物五个剂量水平上的响应情况，我们可以先使用代码写入数据(也可以将数据写入Excel文件或文本文件，在R语言中载入使用)，再进行绘图操作，在R语言中，函数plot()是一个用来创建新图形的泛型函数，它的输出将根据所绘制对象类型的不同而变化。如：

```
>dose<-c(20,30,40,45,60)
>drugA<-c(16,20,27,40,60)
>drugB<-c(15,18,25,31,40)
#创建描述药物A剂量和响应关系的图形，其中dose是变量，drugA是因变量，type =
```

"b"表示同时绘制点和线。

```
>plot(dose,drugA,type = "b")
```

执行绘图命令后，右侧其他栏中的 Plots 会显示最新创建的图形。如图 4-1 所示，Plots 下方的工具栏提供了图形的操作按钮，点击 Zoom 可对图形进行放大缩小，点击 Export 可进行图形的输出保存操作，点击扫帚按钮，可以清除当前的图形，如图 4-2 所示。

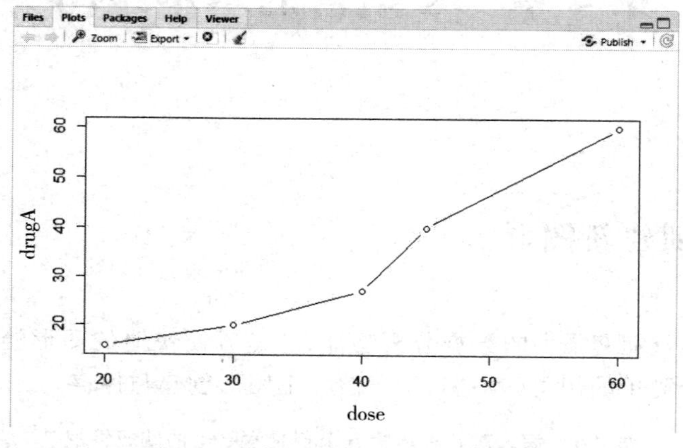

图 4-1 药物 A 剂量和响应的折线图

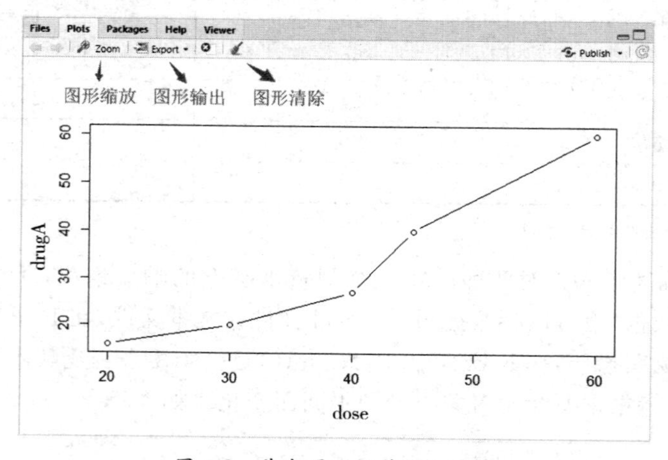

图 4-2 基本图形操作按钮展示

4.2　图形参数

在 4.1 中我们初步学习了图形的创建方法，每幅图形因数据及分析需求，其图形特征（字体、颜色、坐标轴、标签）也大不一样，我们可以通过修改图形参数的选项来自定义这些图形特征。

图形参数的设定方法一种是通过函数 par()来指定这些选项，比如 4.1 节中的图 4-1，我们想用实心三角而不是空心圆圈作为点的符号，并且想用虚线代替实线连接这些点，代码如下：

```
#复制当前图形参数设置
>opar<-par(no.readonly = TRUE)
#将默认的线条类型修改为虚线(lty=2),默认的点符号改为实心三角(pch=17)
>par(lty=2,pch=17)
>plot(dose,drugA,type="b")
#还原图形原始设置
>par(opar)
```

也可以通过以下代码实现，但这种情况下，指定的选项仅对这幅图形本身有效，如：

```
>plot(dose,drugA,type="b",lty=2,pch=17)
```

图 4-1 中参数修改后图形见图 4-3。

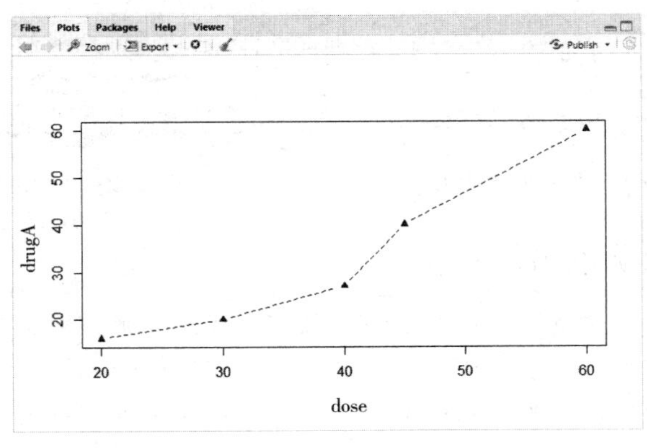

图 4-3　图 4-1 中参数的修改

4.2.1 符号和线条

可见,在图形创建中我们可以使用图形参数来指定绘图时使用的符号和线条类型,相关参数如表 4-2 所示。

表 4-2 用于指定符号和线条类型的参数

参数	描述
pch	指定绘制点时使用的符号(图 4-4)
cex	指定符号的大小。cex 是一个数值,表示绘图符号相对于默认大小的缩放倍数。默认大小为 1,1.5 表示放大为默认值的1.5倍,0.5 表示缩小为默认值的 50%,等等
lty	指定线条类型(图 4-5)
lwd	指定线条宽度。lwd 是以默认值的相对大小来表示的(默认值为 1)。例如,lwd=2 将生成一条两倍于默认宽度的线条

选项"pch="用于指定绘制点时使用的符号,可能的值如图 4-4 所示。

对于符号 21~25,还可以指定边界颜色(col=)和填充色(bg=)。

选项"lty="用于指定想要的线条类型,可用的值如图 4-5 所示。

图 4-4 参数 pch 可指定的绘图符号

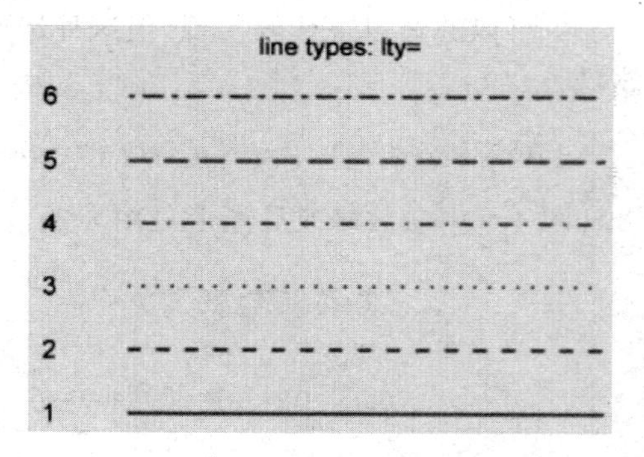

图 4-5 参数 lty 可指定的线条类型

综合以上选项,代码如下:

```
#绘制图形,线条类型为点线,宽度为默认宽度的 3 倍,点的符号为实心正方形,大小为默认符号大小的 2 倍
>plot(dose,drugA,type = "b",lty = 3,lwd = 3,pch = 15,cex = 2)
```

修改了线条类型、宽度、点的符号和符号大小的折线图见图 4-6。

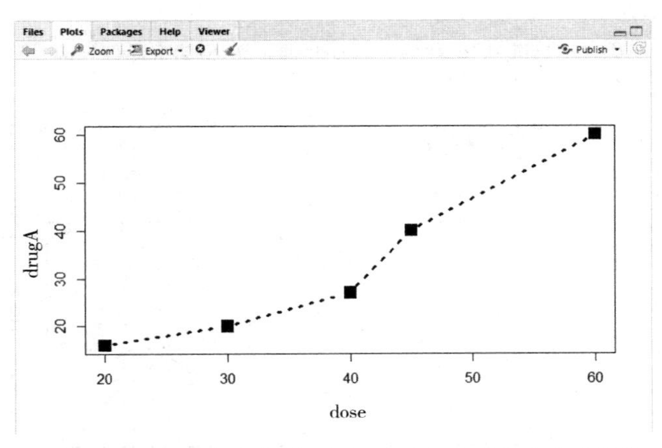

图 4-6　图 4-1 中线条类型、宽度、点符号和符号大小的设置

4.2.2　颜色

R 语言中关于颜色参数的指定，如表 4-3 和图 4-7 所示。

表 4-3　用于指定颜色的参数

参数	描述
Col	默认的绘图颜色。某些函数(如 lines 和 pie)可以接受一个含有颜色值的向量并自动循环使用。例如，如果设定 col=c("red","blue")并需要绘制三条线，则第一条线将为红色，第二条线将为蓝色，第三条线又将为红色
col. axis	坐标轴刻度文字的颜色
col. lab	坐标轴标签(名称)的颜色
col. main	标题颜色
col. sub	副标题颜色
fg	图形的前景色
bg	图形的背景色

在 R 语言中可以通过颜色下标、颜色名称、十六进制的颜色值、RGB 值或 HSV 值来指定颜色，如 col=1、col="white"、col="#FFFFFF"、col=rgb(1,1,1)和 col=hsv(0,0,1)，都为白色的表示方式。函数 rgb()基于红绿蓝三色值生成颜色，hsv()基于色相、饱和度、亮度值生成颜色。函数 colors()可以返回所有可用的颜色。如：

```
#将点线变为红色
>plot(dose,drugA,type = "b",lty = 3,lwd = 3,pch = 15,cex = 2,col = "red")
```

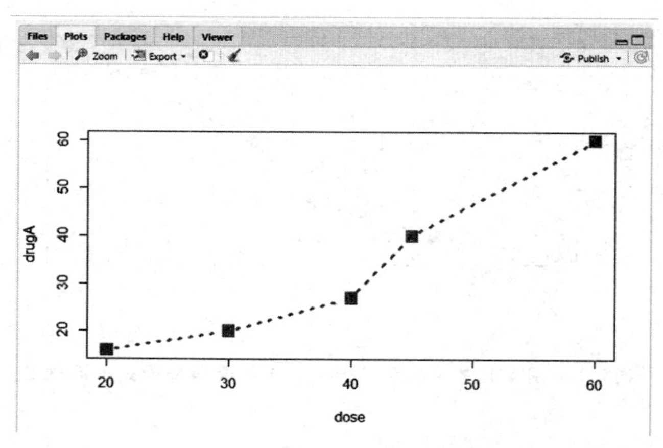

图 4-7　图 4-1 中线条和点符号的颜色设置

4.2.3　文本属性

我们可以利用图形参数指定文本大小、字号大小，如表 4-4、表 4-5 和图 4-8 所示。

表 4-4　用于指定文本大小的参数

参数	描述
cex	表示相对于默认大小缩放倍数的数值。默认大小为 1,1.5 表示放大为默认值的 1.5 倍,0.5 表示缩小为默认值的 50%,等等
cex. axis	坐标轴刻度文字的缩放倍数
cex. lab	坐标轴标签(名称)的缩放倍数
cex. main	标题的缩放倍数
cex. sub	副标题的缩放倍数

表 4-5　用于指定字体族、字号和字样的参数

参数	描述
font	整数。用于指定绘图使用的字体样式。1＝常规,2＝粗体,3＝斜体,4＝粗斜体,5＝符号字体(以 Adobe 符号编码表示)
font. axis	坐标轴刻度文字的字体样式

续表 4-5

参数	描述
font. lab	坐标轴标签(名称)的字体样式
font. main	标题的字体样式
font. sub	副标题的字体样式
ps	字体磅值
family	绘制文本时使用的字体族

如：

```
>opar<-par(no.readonly = TRUE)
#创建坐标轴标签(名称)为斜体、1.5 倍于默认文本大小和标题为粗斜体、2 倍于默认文本大小的图形
>par(font.lab = 3,cex.lab = 1.5,font.main = 4,cex.main = 2)
>plot(dose,drugA,type = "b")
>title("药物 A 剂量和响应的折线图")
>par(opar)
```

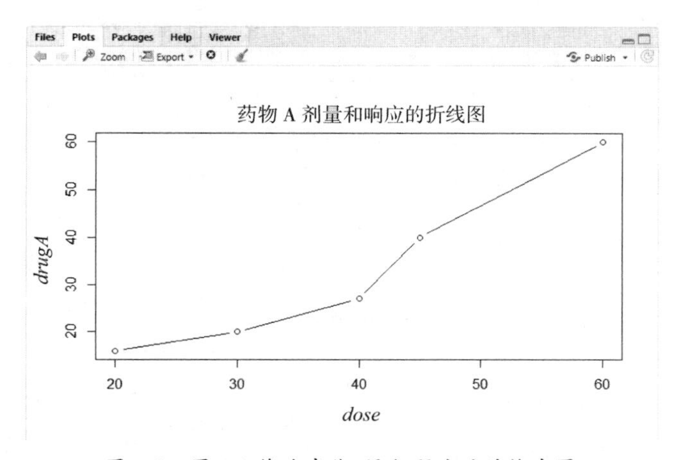

图 4-8　图 4-1 修改字体、添加题头后的输出图

4.2.4　图形尺寸与边界尺寸

我们也可以利用图形参数控制图形尺寸和边界大小，如表 4-6 和图 4-9 所示。

表 4-6　用于控制图形尺寸和边界大小的参数

参数	描述
pin	以英寸表示的图形尺寸（宽和高）
mai	以数值向量表示的边界大小，顺序为“下、左、上、右”，单位为英寸
mar	以数值向量表示的边界大小，顺序为“下、左、上、右”，单位为英分。默认值为 c(5,4,4,2)+0.1

如：

```
>opar<-par(no.readonly = TRUE)
#创建一幅 2 英寸宽、3 英寸高的图形
>par(pin = c(2,3))
>par(lwd = 2,cex = 1.5)
>par(cex.axis = .75,font.axis = 3)
>plot(dose,drugA,type = "b",pch = 19,lty = 2,col = "red")
>par(opar)
```

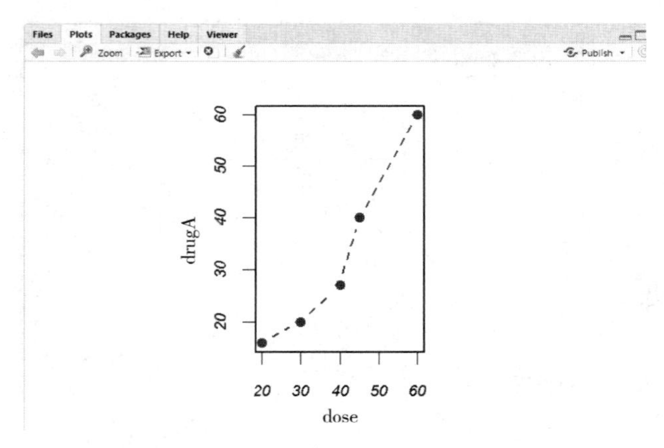

图 4-9　图形尺寸和边界大小的控制

4.3　添加文本、自定义坐标轴和图例

除图形参数外，函数 plot()还可以通过设置参数，在图上添加标题(main)、副标题(sub)、坐标轴标签(xlab、ylab)并指定坐标轴范围(xlim、ylim)(图 4-10)。如：

```
>plot(dose,drugA,type = "b",pch = 19,lty = 2,lwd = 2,col = "red",main = "Clinical Trials for Drug A", sub = " This is hypothetical data", xlab = " Dosage", ylab = " Drug Response",xlim = c(0,60),ylim = c(0,70))
```

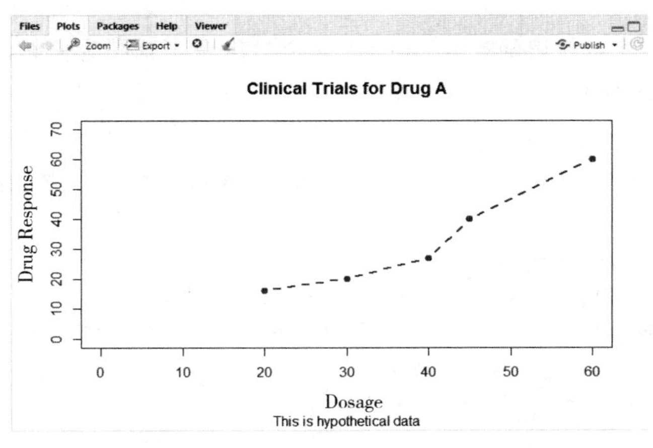

图 4-10　文本、坐标轴和图例的添加

同时 R 语言还提供了相关函数可对图形的标题、坐标轴、参考线、图例、文本标注等进行修改,如表 4-7 所示。函数使用的具体细节可通过 help 获得更多深入了解。

表 4-7　图形特征的相关设置函数

函数	描述
title()	为图形添加标题和坐标轴标签。调用格式:title(main="main title",sub="subtitle",xlab="x-axis label",ylab="y-xis label")
axis()	创建自定义坐标轴。调用格式:axis(side,at=,labels=,pos=,lty=,col=,las=,tck=,...)
abline()	为图形添加参考线。调用格式:abline(h=yvalues,v=xvalues)
legend()	创建图例。调用格式:legend(location,title,legend,...)
text()	向绘图区域内部添加文本。调用格式:text(location,"text to place",pos,...),其中 pos 为文本相对于位置参数 location 的方位
mtext()	向绘图区域四个边界之一添加文本。调用格式:mtext("text to place",side,line=n,...),其中 side 指定放置文本的边,line 指定内移或外移文本的量

4.4 图形组合

在 R 语言中可使用函数 par()或 layout()组合多幅图为一幅总图(图 4-11 和图 4-12)。函数 par()使用方式如下:

```
>opar<-par(no.readonly = TRUE)
#创建四幅图,按两行两列排列,参数 mfrow(nrows,ncols)为按行填充,mfcol(nrows,ncols)为按列填充
>par(mfrow = c(2,2))
>plot(dose,drugA,type = "b",pch = 19,lty = 2,col = "red")
>plot(dose,drugB,type = "b",pch = 23,lty = 6,col = "blue",bg = "green")
>hist(drugA,main = "Histogram of Drug A")
>hist(drugB,main = "Histogram of Drug B")
>par(opar)
```

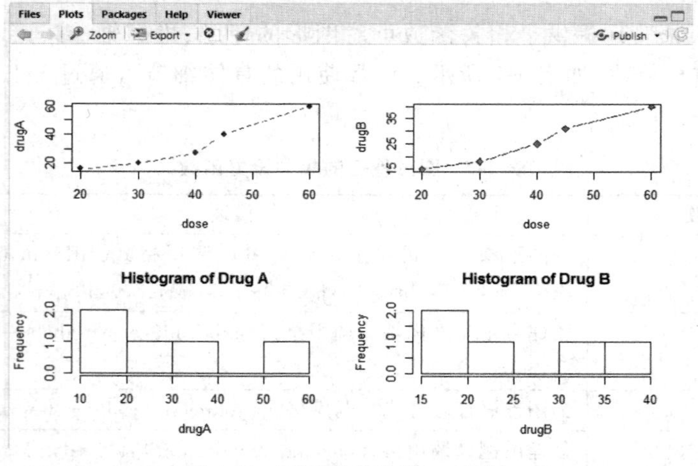

图 4-11 图形的组合(par 函数)

函数 layout()使用方式如下:

```
>opar<-par(no.readonly = TRUE)
#创建三幅图形,第一行放置一幅,第二行放置两幅,第一行中的图形高度是第二行的1.5倍,左下角图形宽度是右下角图形的3倍
```

```
>layout(matrix(c(1,1,2,3),2,2,byrow = TRUE),widths = c(3,1),heights = c(1.5,1))
>plot(dose,drugA,type = "b",pch = 19,lty = 2,col = "red")
>plot(dose,drugB,type = "b",pch = 23,lty = 6,col = "blue",bg = "green")
>hist(drugA,main = "Histogram of Drug A")
>par(opar)
```

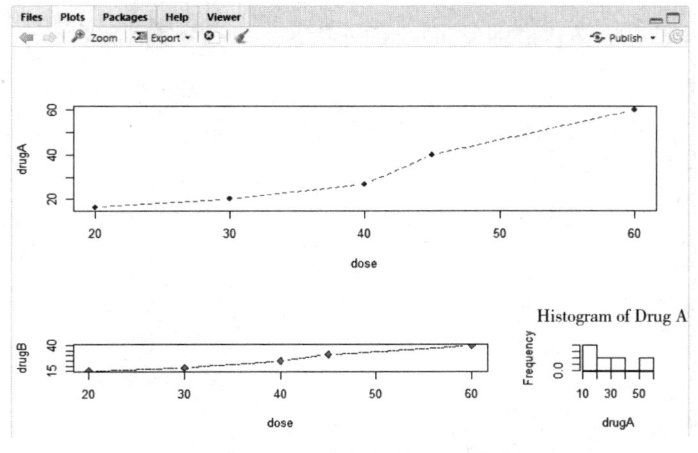

图 4-12　图形的组合(layout 函数)

R 语言中提供了不同类型图的绘制函数。如条形图、直方图、饼图等,具体函数细节可通过 help 或相关教程获取,在这里不展开叙述。

第二部分 资源与环境系统分析模型R语言实现

第 5 章　回归拟合模型与应用

5.1　线性回归模型

在 R 语言中，拟合线性模型的基本函数为 lm()，其标准格式为：

```
lm(formula,data)
```

式中：formula 是要拟合的模型形式，data 是一个数据框，包含了用于拟合模型的数据。运行结果将被存储在一个列表中，包含拟合模型的大量信息。表达式(formula)形式如下：

$$Y \sim x_1 + x_2 + \cdots + x_k$$

式中：～左边为响应变量，右边为各个预测变量，预测变量之间用“＋”符号分隔。

表 5-1 中为表达式常用的符号。

表 5-1　R 语言表达式中常用的符号

符号	用途
～	分隔符号，左边为响应变量，右边为解释变量
＋	分隔预测变量
:	表示预测变量的交互项，如 $y \sim x+z+x:z$，表示通过 x、z 和 x 与 z 的交互项预测 y
*	表示所有可能交互项的简洁方式，如 $y \sim x*z*w$ 为 $y \sim x+z+w+x:z+x:w+w:z+x:z:w$
^	表示交互项达到某个次数。如二次项 $y \sim x+z+w+x:z+x:w+w:z$ 可简化为 $y \sim (x+z+w)$^2

续表 5-1

符号	用途
.	表示包含除因变量外的所有变量。如 $y \sim x+z+w$ 可简化为 $y \sim .$
−	减号，表示从等式中移除某个变量。如二次项 $y \sim x+z+w+x:z+x:w$ 可简化为 $y \sim (x+z+w)\hat{}2-w:z$
−1	删除截距项。如 $y \sim x-1$ 表示拟合通过原点的回归直线
I()	从算术的角度来解释括号中的元素。如 $y \sim x+(z+w)\hat{}2$ 可以展开为 $y \sim x+z+w+z:w$。那么 y～x+I((z+w)^2)展开则为 $y \sim x+h$，h 是一个由 z 和 w 的平方和创建的新变量
function	可以在表达式中用的数学函数。如 $\log(y) \sim x+z+w$

来源：Robert I Kabacoff，2016

此外，还有一些回归分析相关的函数，其主要用于 lm()函数返回的结果，如表 5-2 所示。

表 5-2　拟合线性模型结果分析相关的函数

函数	用途
summary()	展示拟合模型的详细结果
coefficients()	列出拟合模型的模型参数(截距项和斜率)
confint()	提供模型参数的置信区间(默认 95%)
fitted()	列出拟合模型的预测值
residuals()	列出拟合模型的残差值
anova()	生成一个拟合模型的方差分析表，或者比较两个或更多拟合模型的方差分析表
vcov()	列出模型参数的协方差矩阵
AIC()	输出赤池信息统计量
plot()	生成评价拟合模型的诊断图
predict()	用拟合模型对新的数据集预测响应变量值

来源：Robert I Kabacoff，2016

下面我们来具体学习如何利用这些函数建立线性回归模型。

1. 简单线性回归

[**例 5.1**]　某校 12 名高一学生的身高与体重的测量数据如表 5-3 所示，试分析学生的身高与体重的相关关系(人民教育出版社课程教材研究所，中学数学课程教材研究开发中心，2004)。

表 5-3　身高与体重的测量数据

身高 x/cm	151	152	153	154	156	157	158	160	160	162	163	164
体重 y/kg	40	41	41	41.5	42	42.5	43	44	45	45	46	45.5

```
#输入学生身高与体重数据
>Height<-c(151,152,153,154,156,157,158,160,160,162,163,164)
>Weight<-c(40,41,41,41.5,42,42.5,43,44,45,45,46,45.5)
>studentdata<-data.frame(Weight,Height)
#对数据进行线性拟合,并输出结果
>line.model<-lm(Weight~Height)
>summary(line.model)
```

程序结果如下：

```
Call:
lm(formula = Weight ~ Height)

Residuals:
     Min       1Q   Median       3Q      Max
-0.46362 -0.27905 -0.09214 0.13146 0.83451

Coefficients:
            Estimate Std. Error t value Pr(>|t|)
(Intercept) -27.75939    4.43358  -6.261 9.37e-05 ***
Height        0.44953    0.02814 15.975 1.91e-08 ***
---
Signif. codes: 0 '***' 0.001 '**' 0.01 '*' 0.05 '.' 0.1 ' ' 1

Residual standard error: 0.4107 on 10 degrees of freedom
Multiple R-squared: 0.9623,Adjusted R-squared: 0.9585
F-statistic: 255.2 on 1 and 10 DF, p-value: 1.906e-08
```

```
#作散点图
>plot(Height,Weight,ann = FALSE)
>title(sub = "学生身高与体重数据的散点图",xlab = "身高/cm",ylab = "体重/cm")
#作拟合曲线
>abline(line.model,lwd = 2,col = "red")
# 标注直线方程和拟合系数
>text1<-paste("y = ", round(line.model $ coefficients[2], 5),"x",round(line.
```

```
model $ coefficients[1], 5),sep = "")
>text(mean(studentdata $ Height),max(studentdata $ Weight),text1)
>text2<-paste("R^2 = ", round(summary(line.model) $ r.squared,4),sep = "")
>text(158,45.5,text2)
```

结果如图 5-1 所示。

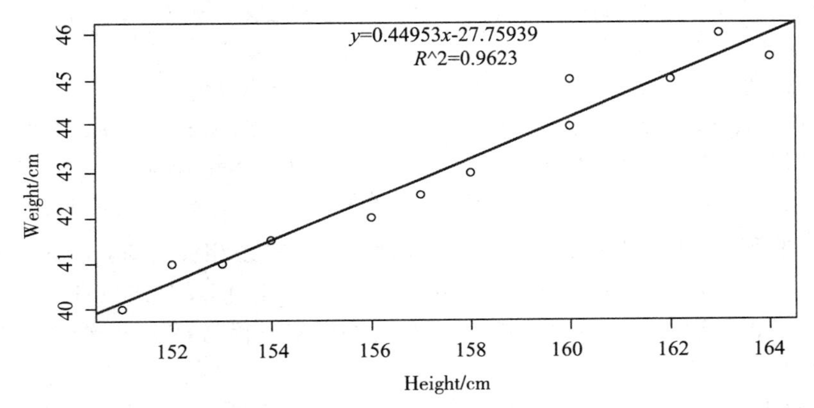

图 5-1　学生身高与体重的散点图及线性拟合

结果解读：

(1)调用:Call

lm(formula = Weight ~ Height)

当创建模型时,以上代码表明 lm 是如何被调用的。

(2)残差统计量:Residuals

Min	1Q	Median	3Q	Max
-0.46362	-0.27905	-0.09214	0.13146	0.83451

此项表示残差的分布统计量,分别为最小值点,1/4 分位点,中位数,3/4 分位点,最大值点。若残差 1/4 分位点(1Q)和 3/4 分位点(3Q)有大约相同的幅度,意味着有较对称的钟形分布。

(3)系数:Coefficients

	Estimate	Std. Error	t value	Pr(>|t|)
(Intercept)	-27.75939	4.43358	-6.261	9.37e-05 * * *
Height	0.44953	0.02814	15.975	1.91e-08 * * *
分别表示：	估值	标准误差	T 值	P 值

其中：

Intercept:表示截距;Height:影响因子/特征;Estimate 列:包含由普通最小二乘法计算出来的估计回归系数;Std. Error 列:估计的回归系数的标准误差;t 统计量和 P 值:估计系数

不显著的可能性，有较大P值的变量是可以从模型中移除的候选变量。

(4)拟合系数：Multiple R-squared和Adjusted R-squared即R^2，指回归方程对样本的拟合程度。

Multiple R-squared: 0.9623,Adjusted R-squared: 0.9585

从结果可知，Multiple R-squared = 0.9623，表示拟合程度良好。R^2的值越大，表示拟合程度越好。提升拟合度的方法很多，需要根据实际的模型需求来判定拟合程度，不应该一味地追求高拟合度，而忽略模型的实际使用意义。

(5)F检验：F-statistic

F-statistic是我们常说的F统计量，也称为F检验，常常用于判断方程整体的显著性检验，其值越大越显著，本例中该值为255.2；其P值为p-value: 1.906e-08，显然P值小于0.05的，可以认为方程在P = 0.05的水平上通过显著性检验。

综上所述，学生的体重随身高的增加而增长，呈正相关关系(positive correlation)，回归拟合模型的截距项(intercept)为27.75939，变量(height)系数为0.44953，相关系数(R^2)为0.9623。则最终的回归方程为：Weight＝27.75939＋0.44953 * Height。

[例5.2] 某企业的一个产品历年的投资额(包括人力、物力的总钱数)和盈利数，见表5-4。若投资310万元，预测将盈利为多少？

表5-4 某企业的一个产品历年的投资额和盈利数

年份序列	投资额 x/万元	盈利 y/万元
1	121	360
2	118	260
3	271	440
4	190	400
5	75	360
6	263	500
7	334	580
8	368	560
9	305	505
10	210	480
11	387	600
12	270	540
13	218	415

续表 5-4

年份序列	投资额 x/万元	盈利 y/万元
14	342	590
15	173	492
16	370	660
17	170	360
18	205	410
19	339	680
20	283	594

```
#输入某企业的一个产品历年的投资额和盈利额
>ID<-c(1:20)
>Investment<-c(121,118,271,190,75,263,334,368,305,210,387,270,218,342,173,
370,170,205,339,283)
>Profit<-c(360,260,440,400,360,500,580,560,505,480,600,540,415,590,492,660,
360,410,680,594)
>Data<-data.frame(ID,Investment,Profit)
#对数据进行线性拟合,并输出结果
>line.model<-lm(Profit~Investment)
>summary(line.model)
```

程序输出结果如下：

```
Call:
lm(formula = Profit ~ Investment)

Residuals:
    Min       1Q     Median     3Q      Max
 -86.192   -39.916   -0.996   36.348   95.294

Coefficients:
             Estimate Std. Error t value Pr(>|t|)
(Intercept) 218.8403    35.8771    6.100 9.19e-06 ***
Investment    1.0792     0.1348    8.007 2.42e-07 ***
---
Signif. codes: 0 '***' 0.001 '**' 0.01 '*' 0.05 '.' 0.1 ' ' 1

Residual standard error: 54.07 on 18 degrees of freedom
Multiple R-squared: 0.7808,Adjusted R-squared: 0.7686
```

```
F-statistic: 64.11 on 1 and 18 DF, p-value: 2.421e-07
#作散点图
>plot(Investment,Profit,ann = FALSE)
>title(sub = "某企业的一个产品历年的投资额和盈利数的散点图",xlab = "投资额/万元",ylab = "盈利/万元")
#作拟合曲线
>abline(line.model,lwd = 2,col = "red")
># 标注直线方程和拟合系数
>text1 <- paste(" y  =  ", round(line.model $ coefficients[2], 5)," x + ",round(line.model $ coefficients[1], 5),sep = "")
>text(mean(Data $ Investment),max(Data $ Profit),text1)
>text2<-paste("R^2  =  ", round(summary(line.model) $ r.squared,4),sep = "")
>text(mean(Data $ Investment),max(Data $ Profit)-30,text2)
#预测投资 310 万元时,盈利为多少
>xp<-data.frame(Investment = 310)
>predict(line.model,xp,interval = "prediction",level = 0.95)
       fit        lwr       upr
1 553.4074  435.7946  671.0202
```

结果如图 5-2 所示。

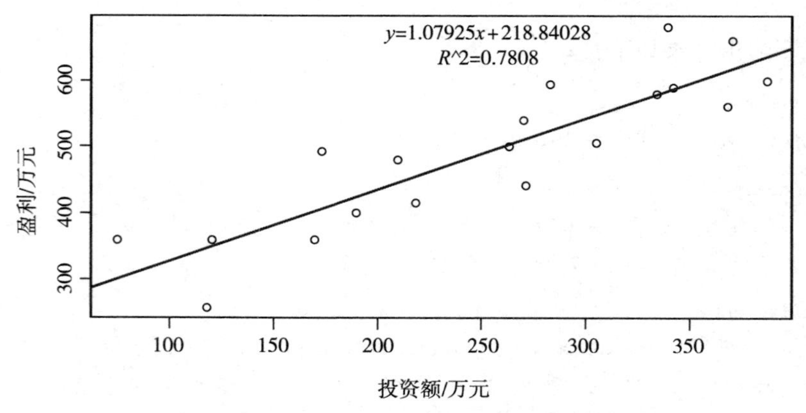

图 5-2　例 5.2 输出结果的散点图及拟合曲线

从结果可知,方程为:Profit=218.8403+1.0792 * Investment。若投资 310 万元,盈利为 553.4074 万元,可靠性为 0.95。

2. 多元线性回归

[**例 5.3**]　某气象台为预报该地 5 月平均气温，选择了与该月平均气温有密切关系的 4 个气象要素作为预报因子，以 22 年历史资料作为样本(表 5-5)，用回归分析方法对它做统计预报方程。今有某年 5 月 4 个气象要素的值分别为 $x_1=0$，$x_2=-9$，$x_3=9$，$x_4=34$，请预报该年 5 月的平均气温。

表 5-5　气象要素与平均气温实验数据

样本号	变量				
	x_1	x_2	x_3	x_4	y
1	4	21	1	26	24.4896
2	4	12	0	31	23.8802
3	0	10	7	37	22.0968
4	0	−25	6	28	22.4784
5	7	9	6	30	22.1512
6	4	12	5	33	22.5167
7	4	5	5	33	22.3328
8	2	19	7	27	23.2486
9	0	17	4	34	23.3140
10	0	9	4	35	22.9843
11	2	2	3	29	23.4624
12	0	−2	9	34	21.6906
13	8	−4	4	36	21.4018
14	1	−35	2	29	22.8555
15	0	−35	5	29	22.3210
16	0	8	4	36	22.8384
17	1	10	4	24	22.9900
18	0	−11	4	28	23.2959
19	0	−6	5	37	22.1262
20	2	11	1	35	23.4311
21	0	−33	5	29	22.3736
22	1	−3	1	29	23.9209

程序代码如下：

```
#输入气象要素与平均气温实验数据
>ID<-c(1:22)
>x1<-c(4,4,0,0,7,4,4,2,0,0,2,0,8,1,0,0,1,0,0,2,0,1)
>x2<-c(21,12,10,-25,9,12,5,19,17,9,2,-2,-4,-35,-35,8,10,-11,-6,11,
-33,-3)
>x3<-c(1,0,7,6,6,5,5,7,4,4,3,9,4,2,5,4,4,4,5,1,5,1)
>x4<-c(26,31,37,28,30,33,33,27,34,35,29,34,36,29,29,36,24,28,37,35,29,29)
>y<-c(24.4896,23.8802,22.0968,22.4784,22.1512,22.5167,22.3328,23.2486,
23.3140,22.9843,23.4624,21.6906,21.4018,22.8555,22.3210,22.8384,
+        22.9900,23.2959,22.1262,23.4311,22.3736,23.9209)
>Data<-data.frame(ID,x1,x2,x3,x4,y)
#对数据进行线性拟合,并输出结果,此模型为多元线性回归
>line.model<-lm(y~x1+x2+x3+x4)
>summary(line.model)
```

程序输出结果如下：

```
Call:
lm(formula = y ~ x1 + x2 + x3 + x4)

Residuals:
     Min        1Q    Median        3Q       Max
-0.84514  -0.03169   0.02575   0.09589   0.29779

Coefficients:
             Estimate Std. Error t value Pr(>|t|)
(Intercept) 26.750592   0.453024  59.049  < 2e-16 ***
x1          -0.123790   0.023942  -5.170 7.68e-05 ***
x2           0.022089   0.003325   6.643 4.16e-06 ***
x3          -0.233107   0.024924  -9.353 4.09e-08 ***
x4          -0.086672   0.014491  -5.981 1.49e-05 ***
---
Signif. codes: 0 '***' 0.001 '**' 0.01 '*' 0.05 '.' 0.1 ' ' 1

Residual standard error: 0.2438 on 17 degrees of freedom
Multiple R-squared: 0.9175,Adjusted R-squared: 0.8981
F-statistic: 47.28 on 4 and 17 DF, p-value: 5.408e-09
#预测5月平均气温
```

```
>xp<-data.frame(x1 = 0,x2 = -9,x3 = 9,x4 = 34)
>predict(line.model,xp,interval = "prediction",level = 0.95)
     fit       lwr       upr
1 21.507  20.92392  22.09007
```

从结果可知，统计预报方程为

$y=26.7506-0.1238x_1+0.0221x_2-0.2331x_3-0.0867x_4$，5 月的预测平均气温为 21.507℃，可靠性为 0.95。

3. 逐步回归分析

[例 5.4] 用逐步回归方法对我国东南沿海地区的梅雨季做中长期统计预报。入梅时间作为因变量 y，选择 6 个气象要素作为自变量，以 23 年历史资料作为样本(表 5-6)，用逐步回归方法做预报方程。

表 5-6　原始数据表

样本号	变量						
	x_1	x_2	x_3	x_4	x_5	x_6	y
1	31	7	16	5	4	265	23
2	30	5	4	7	4	262	23
3	33	10	0	0	0	258	3
4	25	4	6	0	6	262	20
5	26	6	12	5	7	260	26
6	27	9	19	4	9	266	27
7	27	7	19	4	5	259	19
8	31	13	4	2	2	257	6
9	31	8	1	0	2	266	16
10	28	14	0	0	4	265	22
11	25	16	18	4	7	268	24
12	30	12	5	2	4	262	30
13	24	5	22	9	8	264	28
14	28	3	19	2	4	262	24
15	30	0	0	0	0	264	24
16	27	2	14	4	8	259	30
17	26	10	7	3	9	262	17

续表 5-6

样本号	变量						
	x_1	x_2	x_3	x_4	x_5	x_6	y
18	30	11	1	0	2	260	9
19	28	6	7	0	5	260	20
20	29	9	22	1	5	259	16
21	32	13	0	0	1	263	9
22	20	7	12	0	5	251	16
23	34	7	6	0	3	257	16

```
#输入我国东南沿海地区的梅雨季入梅时间数据
>ID<-c(1:23)
>x1<-c(31,30,33,25,26,27,27,31,31,28,25,30,24,28,30,27,26,30,28,29,32,20,34)
>x2<-c(7,5,10,4,6,9,7,13,8,14,16,12,5,3,0,2,10,11,6,9,13,7,7)
>x3<-c(16,4,0,6,12,19,19,4,1,0,18,5,22,19,0,14,7,1,7,22,0,12,6)
>x4<-c(5,7,0,0,5,4,4,2,0,0,4,2,9,2,0,4,3,0,0,1,0,0,0)
>x5<-c(4,4,0,6,7,9,5,2,2,4,7,4,8,4,0,8,9,2,5,5,1,5,3)
>x6<-c(265,262,258,262,260,266,259,257,266,265,268,262,264,262,264,259,
262,260,260,259,263,251,257)
>y<-c(23,23,3,20,26,27,19,6,16,22,24,30,28,24,24,30,17,9,20,16,9,16,16)
>Data<-data.frame(ID,x1,x2,x3,x4,x5,x6,y)
#对数据进行线性拟合,全回归方法
>tlm<-lm(y~x1 + x2 + x3 + x4 + x5 + x6)
>summary(tlm)
```

程序结果如下：

```
Call:
lm(formula = y ~ x1 + x2 + x3 + x4 + x5 + x6)

Residuals:
    Min       1Q  Median      3Q     Max
-6.8126  -2.8909  0.0428  2.0983  14.0371

Coefficients:
              Estimate  Std. Error  t value  Pr(>|t|)
(Intercept) -180.06164   80.25888   -2.244    0.0394 *
x1            -0.24653    0.49726   -0.496    0.6268
```

```
x2          -0.72141    0.28246    -2.554    0.0212 *
x3           0.03036    0.20008     0.152    0.8813
x4           0.30886    0.57494     0.537    0.5985
x5           1.01024    0.72574     1.392    0.1830
x6           0.79110    0.31816     2.486    0.0243 *
---
Signif. codes: 0 '***' 0.001 '**' 0.01 '*' 0.05 '.' 0.1 ' ' 1

Residual standard error: 5.067 on 16 degrees of freedom
Multiple R-squared: 0.6616,Adjusted R-squared: 0.5347
F-statistic: 5.213 on 6 and 16 DF, p-value: 0.003794
```

从结果可知，其相关系数为 0.6616，标准误差为 5.067，方程包含了六个因子。但是 x_1、x_3、x_4 和 x_5 求得系数后对应的 P 值均大于 0.05，表明这些变量可能需要进一步去除。下面对方程进行逐步回归分析。

```
#对数据进行逐步回归分析
>tstep<-step(tlm)
```

程序输出如下：

```
Start:  AIC=80.3
y ~ x1 + x2 + x3 + x4 + x5 + x6

        Df Sum of Sq     RSS     AIC
- x3     1     0.591  411.35  78.331
- x1     1     6.310  417.07  78.648
- x4     1     7.409  418.17  78.709
<none>                410.76  80.298
- x5     1    49.745  460.50  80.927
- x6     1   158.718  569.48  85.812
- x2     1   167.465  578.22  86.163

Step:  AIC=78.33
y ~ x1 + x2 + x4 + x5 + x6

        Df Sum of Sq     RSS     AIC
- x1     1     6.765  418.11  76.706
- x4     1    10.045  421.39  76.886
<none>                411.35  78.331
- x5     1    60.445  471.79  79.484
```

```
- x6     1  158.428  569.78  83.824
- x2     1  170.835  582.18  84.320

Step:  AIC = 76.71
y ~ x2 + x4 + x5 + x6

       Df Sum of Sq     RSS     AIC
- x4    1     8.093  426.21  75.147
<none>               418.11  76.706
- x6    1   151.939  570.05  81.835
- x5    1   171.798  589.91  82.623
- x2    1   180.240  598.35  82.950

Step:  AIC = 75.15
y ~ x2 + x5 + x6

       Df Sum of Sq     RSS     AIC
<none>               426.21  75.147
- x6    1    185.48  611.69  81.457
- x2    1    204.71  630.92  82.169
- x5    1    313.27  739.48  85.820

>tlm<-lm(y~x2 + x5 + x6)
>summary(tlm)

Call:
lm(formula = y ~ x2 + x5 + x6)

Residuals:
    Min       1Q     Median      3Q       Max
-7.9129  -2.6838  -0.0799   2.1608   13.8493

Coefficients:
             Estimate Std. Error t value Pr(>|t|)
(Intercept) -188.0846    71.4778  -2.631  0.01644 *
x2            -0.7729     0.2559  -3.021  0.00703 * *
x5             1.4433     0.3862   3.737  0.00140 * *
x6             0.7929     0.2757   2.876  0.00969 * *
---
Signif. codes: 0 ' * * * '0.001 ' * * ' 0.01 ' * ' 0.05 '.' 0.1 ' ' 1

Residual standard error: 4.736 on 19 degrees of freedom
```

```
Multiple R-squared：0.6488,Adjusted R-squared：0.5934
F-statistic：11.7 on 3 and 19 DF, p-value：0.0001435
```

从结果可知，逐步回归分析的结果只保留了 x_2、x_5、x_6 三个自变量。方程的相关系数为 0.6488，标准误差为 4.736，均略小于全回归方程。在精度没降低的情况下，逐步回归方法剔除 3 个自变量，使建模需要的输入参数明显减少。

5.2　非线性曲线回归模型

1. 双曲线变换

[例 5.5]　某小型企业自 1988 年 1 月至 1989 年 3 月间各月的销售收入(万元)为：19.25，24.63，28.73，28.52，29.11，30.02，29.80，29.97，31.47，31.77，31.81，32.41，31.82，32.72，32.27。试预测 1989 年 4 月、5 月的销售收入(李智一，1991)。

```
#输入某小型企业自 1988 年 1 月至 1989 年 3 月间各月的销售收入数据
>x<-c(1:15)
>y<-c(19.25,24.63,28.73,28.52,29.11,30.02,29.80,29.97,31.47,31.77,31.81,
32.41,31.82,32.72,32.27)
>Data<-data.frame(x,y)
#双曲线
>#对数据进行线性变换，然后进行线性回归分析
>y1<-1/y
>line.model<-lm(y1~I(1/x))
>summary(line.model)
```

程序输出结果如下：

```
Call：
lm(formula = y1 ~ I(1/x))

Residuals：
       Min         1Q       Median         3Q         Max
-2.043e-03  -1.822e-04  5.746e-05  2.967e-04  1.128e-03

Coefficients：
            Estimate Std. Error t value Pr(>|t|)
```

```
(Intercept) 0.0294720  0.0002633  111.93  < 2e-16 ***
I(1/x)      0.0221347  0.0008112  27.29   7.32e-13 ***
---
Signif. codes: 0 '***' 0.001 '**' 0.01 '*' 0.05 '.' 0.1 ' ' 1

Residual standard error: 0.0007463 on 13 degrees of freedom
Multiple R-squared: 0.9828,Adjusted R-squared: 0.9815
F-statistic: 744.5 on 1 and 13 DF, p-value: 7.318e-13
```

```
#预测4月、5月的销售收入
>xp4<-data.frame(x=16)
>predata4<-predict(line.model,xp4,interval="prediction",level=0.95)
>yp4<-1/predata4[1]
>yp4
[1] 32.40924
>xp5<-data.frame(x=17)
>predata5<-predict(line.model,xp5,interval="prediction",level=0.95)
>yp5<-1/predata5[1]
>yp5
[1] 32.49495
```

从结果可知，预测该企业1989年4月的销售收入为32.41万元，5月的销售收入为32.50万元。

2. 指数函数变换

我们仍然使用例5.5的数据来进行指数函数变换。

```
#输入某小型企业自1988年1月至1989年3月间各月的销售收入数据
>x<-c(1:15)
>y<-c(19.25,24.63,28.73,28.52,29.11,30.02,29.80,29.97,31.47,31.77,31.81,
32.41,31.82,32.72,32.27)
>Data<-data.frame(x,y)
#指数函数I变换
>y1<-log(y,exp(1))
>line.model<-lm(y1~I(1/x))
>summary(line.model)
```

程序输出如下：

```
Call:
```

```
lm(formula = y1 ~ I(1/x))

Residuals:
      Min        1Q     Median        3Q       Max
 -0.033483  -0.017440  0.007215  0.009774  0.039672

Coefficients:
             Estimate Std. Error t value Pr(>|t|)
(Intercept)  3.502927  0.007702  454.82  < 2e-16 * * *
I(1/x)  -0.553971  0.023727  -23.35  5.35e-12 * * *
---
Signif. codes:  0 '* * *' 0.001 '* *' 0.01 '*' 0.05 '.' 0.1 ' ' 1

Residual standard error: 0.02183 on 13 degrees of freedom
Multiple R-squared: 0.9767,Adjusted R-squared: 0.9749
F-statistic: 545.1 on 1 and 13 DF, p-value: 5.347e-12

#预测 4 月、5 月的销售收入
>xp4<-data.frame(x=16)
>predata4<-predict(line.model,xp4,interval="prediction",level=0.95)
>yp4<-exp(predata4[1])
>yp4
[1] 32.08227
>xp5<-data.frame(x=17)
>predata5<-predict(line.model,xp5,interval="prediction",level=0.95)
>yp5<-exp(predata5[1])
>yp5
[1] 32.14768
```

从结果可知，预测该企业 1989 年 4 月的销售收入为 32.08 万元，5 月的销售收入为 32.15 万元。

3. 生长曲线回归模型

生长曲线回归模型如下所示：

$$y=\frac{k}{1+\frac{k-y_0}{y_0}e^{-at}}$$

式中，k 为 y 的极限（饱和）值，y_0 是 y 在 $t=0$ 时的初始值，a 为常数。

R 语言中提供了函数 nls()可进行非线性回归模型拟合，其标准格式为：

```
nls(formula, data, start,...)
```

式中,formula 是要拟合的非线性模型形式,包含参数和变量。data 是一个数据框,包含了用于拟合模型的数据。start 为参数初始值的列表。R 语言中提供了 deSolve 包,其中含有计算生长曲线回归模型参数初始值的函数 getInitial(),在第一次使用前,需提前安装相关的包。下面我们来看下具体的应用案例。

[例 5.6] 某一品种玉米高度与时间(生长周期,每个生长周期为 2～3 天,与气温有关)数据如表 5-7 所示。

表 5-7 玉米高度与时间(生长周期)的关系

时间(生长周期)	高度/cm
1	0.67
2	0.85
3	1.28
4	1.75
5	2.27
6	2.75
7	3.69
8	4.71
9	6.36
10	7.73
11	9.91
12	12.75
13	16.55
14	20.10
15	27.35
16	32.55
17	37.55
18	44.75
19	53.38
20	71.61
21	83.89
22	97.46
23	112.73
24	135.12
25	153.60

续表 5-7

时间(生长周期)	高度/cm
26	160.32
27	167.05
28	174.90
29	177.87
30	180.19
31	180.79

```
#输入玉米高度与时间(生长周期)的数据
>x<-c(1:31)
>y<-c(0.67,0.85,1.28,1.75,2.27,2.75,3.69,4.71,6.36,7.73,9.91,12.75,16.55,
20.1,27.35,32.55,37.55,
+     44.75,53.38,71.61,83.89,97.46,112.73,135.12,153.6,160.32,167.05,
174.9,177.87,180.19,180.79)
>Data<-data.frame(x,y)
#估计参数的初始值,第一次使用前需安装包
>install.packages("deSolve")
#加载包
>library(deSolve)
#计算模型参数初始值
>SS <- getInitial(y ~ SSlogis(x, alpha, xmid, scale), data = Data)
>k_start <- SS["alpha"]
>a_start <- 1/SS["scale"]
>y0_start <- SS["alpha"]/(exp(SS["xmid"]/SS["scale"]) + 1)
#利用 nls 进行 logistic 曲线拟合
>log_formula<-formula(y ~ k * y0 * exp(a * x)/(k + y0 * (exp(a * x) - 1)))
>log_model<-nls(log_formula, start = list(k = k_start, a = a_start,
y0 = y0_start))
>summary(log_model)

Formula: y ~ k * y0 * exp(a * x)/(k + y0 * (exp(a * x) - 1))

Parameters:
              Estimate Std. Error t value Pr(>|t|)
k.alpha  198.31149    3.67792  53.920  < 2e-16 ***
a.scale    0.30465    0.01147  26.569  < 2e-16 ***
```

```
y0.alpha    0.26004    0.05868  4.431  0.000131 ***
---
Signif. codes: 0 '***' 0.001 '**' 0.01 '*' 0.05 '.' 0.1 ' ' 1

Residual standard error: 3.748 on 28 degrees of freedom

Number of iterations to convergence: 0
Achieved convergence tolerance: 9.711e-06
```

通过 logistic 曲线拟合，可得生长曲线方程参数 $k=198.311$，$a=0.30465$，$y_0=0.26004$。

```
#绘制拟合曲线，安装加载包
>install.packages("ggplot2")
>library(ggplot2)
>ggplot(Data,aes(x,predict(log_model))) + geom_line() +
+    geom_point(aes(y = y)) +
+    theme_bw() +
+    theme(panel.grid.minor = element_blank(),panel.grid.major = element_blank()) +
+    scale_x_discrete(limits = c(0:32)) + xlab("时间(生长周期)") + ylab("株高/cm")
```

得到实测值与模拟值对比图，见图 5-3。

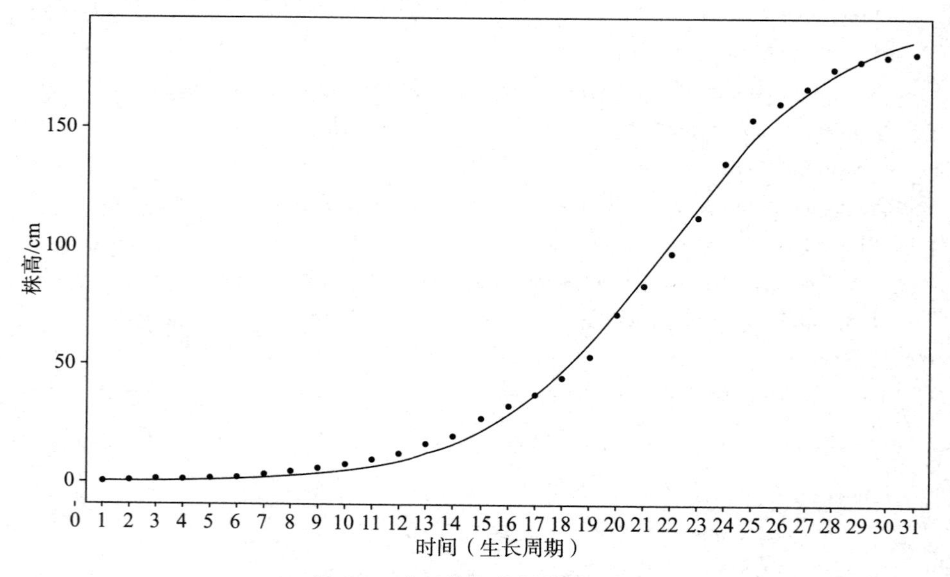

图 5-3 实测值与模拟值对比图

4. 趋势面分析

[例 5.7] 某流域 1 月份降水量与各观测点的坐标位置数据如表 5-8 所示。请以降水量为因变量 z，地理位置的横坐标和纵坐标分别为自变量 x、y，进行趋势面分析。

表 5-8　某流域 1 月份降水量及观测点的地理位置数据

序号	降水量 z/mm	横坐标 $x/10^4$ m	纵坐标 $y/10^4$ m
1	27.6	0	1
2	38.4	1.1	0.6
3	24	1.8	0
4	24.7	2.95	0
5	32	3.4	0.2
6	55.5	1.8	1.7
7	40.4	0.7	1.3
8	37.5	0.2	2
9	31	0.85	3.35
10	31.7	1.65	3.15
11	53	2.65	3.1
12	44.9	3.65	2.55

```
# 输入某流域 1 月份降水量及观测点的地理位置数据
>ID<-c(1:12)
>z<-c(27.6,38.4,24,24.7,32,55.5,40.4,37.5,31,31.7,53,44.9)
>x<-c(0,1.1,1.8,2.95,3.4,1.8,0.7,0.2,0.85,1.65,2.65,3.65)
>y<-c(1,0.6,0,0,0.2,1.7,1.3,2,3.35,3.15,3.1,2.55)
>Data<-data.frame(ID,z,x,y)
# 进行数据变换，然后进行数据拟合与方差分析
# 二次趋势面
>x2<-x^2
>y2<-y^2
>xy<-x * y
>line.model2<-lm(z~x + y + x2 + y2 + xy)
>summary(line.model2)

Call:
lm(formula = z ~ x + y + x2 + y2 + xy)
```

```
Residuals:
    Min      1Q  Median      3Q     Max
-8.9177 -1.5751  0.3012  2.3265  8.2646

Coefficients:
            Estimate Std. Error t value Pr(>|t|)
(Intercept)  5.9980    10.0236   0.598  0.57146
x           17.4382     6.8157   2.559  0.04299 *
y           29.7874     9.1328   3.262  0.01721 *
x2          -3.5883     1.4881  -2.411  0.05248 .
y2          -8.0695     2.0844  -3.871  0.00825 **
xy           0.3569     1.6101   0.222  0.83192
---
Signif. codes: 0 '***' 0.001 '**' 0.01 '*' 0.05 '.' 0.1 ' ' 1

Residual standard error: 5.613 on 6 degrees of freedom
Multiple R-squared: 0.8386,Adjusted R-squared: 0.7041
F-statistic: 6.236 on 5 and 6 DF, p-value: 0.02274
```

得到回归方程：$z=5.9980+17.4382x+29.7874y-3.5883x^2-8.0695y^2+0.3569xy$，$R^2=0.8386$，$F=6.236$，$P$ 值为 0.02274。

```
#三次趋势面
>x2<-x^2
>y2<-y^2
>xy<-x*y
>x3<-x^3
>y3<-y^3
>x2y<-x^2*y
>xy2<-x*y^2
>line.model3<-lm(z~x+y+x2+y2+xy+x3+y3+x2y+xy2)
>summary(line.model3)
```

程序输出如下：

```
Call:
lm(formula = z ~ x + y + x2 + y2 + xy + x3 + y3 + x2y + xy2)

Residuals:
      1       2       3       4       5       6       7       8
```

```
     9          10           11           12
  -0.76502   0.05899   2.12692   -4.19806   2.98206   -0.01453   -1.17323   1.63951
-0.23200   -1.20868   1.79878   -1.01474

Coefficients:
               Estimate Std. Error t value Pr(>|t|)
(Intercept)    -48.810     26.922  -1.813    0.2115
x               37.557     22.633   1.659    0.2389
y              130.130     43.036   3.024    0.0942 .
x2               8.389     10.752   0.780    0.5169
y2             -62.740     22.299  -2.814    0.1065
xy             -33.166     17.636  -1.881    0.2008
x3              -4.133      2.230  -1.853    0.2050
y3               9.785      3.905   2.506    0.1291
x2y              6.138      2.767   2.218    0.1568
xy2              2.566      2.991   0.858    0.4813
---
Signif. codes: 0 '***' 0.001 '**' 0.01 '*' 0.05 '.' 0.1 ' ' 1

Residual standard error: 4.554 on 2 degrees of freedom
Multiple R-squared:  0.9646,    Adjusted R-squared:  0.8052
F-statistic: 6.054 on 9 and 2 DF, p-value: 0.1498
```

得到回归方程：$z=-48.810+37.557x+130.130y+8.389x^2-62.740y^2-33.166xy-4.133x^3+9.785y^3+6.138x^2y+2.566xy^2$，$R^2=0.9646$，$F=6.054$，$P$ 值为 0.1498。

第6章 基于过程的动力学模型与应用

6.1 单种群增长的动力学模型

[例6.1] 以酵母培养物的增长为例(表6-1),研究利用差分方程求解Logistic模型,并与原始数据及方程解析解进行对比。

表6-1 酵母菌的生物量

时间/h	观察到的酵母生物量(P_n)/g	生物量的变化($P_{n+1}-P_n$)/g
0	9.6	
1	18.3	8.7
2	29	10.7
3	47.2	18.2
4	71.1	23.9
5	119.1	48
6	174.6	55.5
7	257.3	82.7
8	350.7	93.4
9	441	90.3
10	513.3	72.3
11	559.7	46.4
12	594.8	35.1
13	629.4	34.6
14	640.8	11.4
15	651.1	10.3
16	655.9	4.8

续表 6-1

时间/h	观察到的酵母生物量(P_n)/g	生物量的变化($P_{n+1}-P_n$)/g
17	659.6	3.7
18	661.8	2.2

```
#输入酵母菌的生物量
>x<-c(0:18)
>y<-c(9.6,18.3,29,47.2,71.1,119.1,174.6,257.3,350.7,441,513.3,559.7,594.8,
629.4,640.8,651.1,655.9,659.6,661.8)
>Data<-data.frame(x,y)
#估计参数的初始值,加载包
>install.packages("deSolve")
>library(deSolve)
>SS <- getInitial(y ~ SSlogis(x, alpha, xmid, scale), data = Data)
>k_start <- SS["alpha"]
>a_start <- 1/SS["scale"]
>y0_start <- SS["alpha"]/(exp(SS["xmid"]/SS["scale"]) + 1)
#利用 nls 进行 logistic 曲线进行拟合
#这里已经已知初始值和饱和值,如未知,则采用上面的估算初始值
>y0<-9.6
>k<-665
>log_formula<-formula(y ~ k * y0 * exp(a * x)/(k + y0 * (exp(a * x) - 1)))
>log_model<-nls(log_formula, start = list(a = a_start))
>summary(log_model)
```

程序结果输出如下：

```
Formula: y ~ k * y0 * exp(a * x)/(k + y0 * (exp(a * x) - 1))

Parameters:
Estimate Std. Error t value Pr(>|t|)
a 0.540033 0.001161 465.3 <2e-16 * * *
---
Signif. codes: 0 '* * *' 0.001 '* *' 0.01 '*' 0.05 '.' 0.1 ' 1

Residual standard error: 3.472 on 18 degrees of freedom

Number of iterations to convergence: 2
Achieved convergence tolerance: 3.543e-06
```

通过 logistic 曲线拟合，可得生长曲线方程参数 $a = 0.540033$。

```
#得到解析解
>a<-summary(log_model) $ parameters[1]
>y1<-k * y0 * exp(a * x)/(k + y0 * (exp(a * x) - 1))
#得到差分解
>y2<-numeric(length(y))
>y2[1]<-y0
>for(i in 2:length(y))
+ {
+   y2[i]<-y2[i-1] + a * y2[i-1] * (1-y2[i-1]/k)
+ }
#绘制拟合曲线
>plot(x,y,pch = 1,ann = FALSE)
>points(x,y1,pch = 2,ann = FALSE)
>points(x,y2,pch = 3,ann = FALSE)
>legend("topright",legend = c("原始数据","解析解","差分解"), pch = c(1,2,3))
>title(sub = "酵母菌生物量",xlab = "时间/h",ylab = "生物量/g")
```

酵母菌生物量结果如图 6-1 所示。

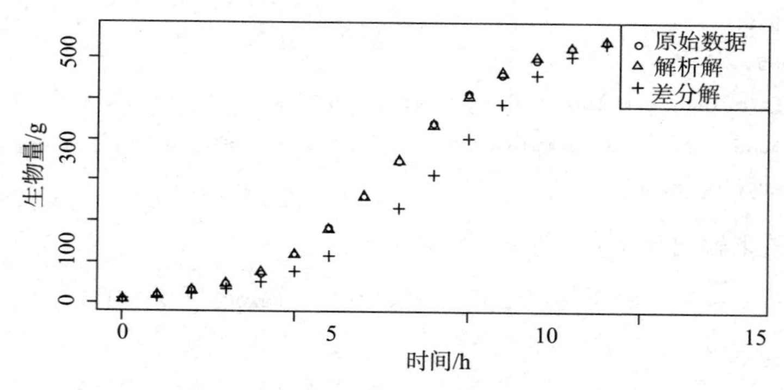

图 6-1 酵母菌生物量随时间变化的解析解与差分解的比较

6.2 多种群增长的动力学模型

多种群增长的动力学模型是研究在同一环境中两种或两种以上的生物种群

数量的变化规律的模型。在同一自然环境中，多种生物之间有密切的关系。大致可分为这几种关系：捕食与被捕食关系，互利共生关系，相互竞争关系。

R中提供了函数ode()可进行常微分方程求解，其标准格式为：

```
ode(y, times, func, parms, method = c("lsoda", "lsode", "lsodes", "lsodar",
"vode", "daspk","euler", "rk4", "ode23", "ode45", "radau", "bdf", "bdf_d", "adams",
"impAdams", "impAdams_d", "iteration"),...)
```

其中，y是方程的初始值，times是求解步长，func是求解方程，parms是方程参数，method为求解方法，一般默认为lsoda方法，用以一阶常微分方程(ODEs)刚性或非刚性系统初值问题的求解。

1. 捕食与被捕食关系

[例6.2]　假设甲种群为兔子$x(t)$，乙种群为狼$y(t)$，兔子为被捕食者，狼为捕食者，假设狼只以兔子为食，兔子灭绝后，狼将无法生存。则其种群增长模型可表示为：

$$\frac{dx}{dt}=x(a_1+b_1y)$$

$$\frac{dy}{dt}=y(a_2+b_2y)$$

式中$a_1>0$，$a_2<0$，$b_1<0$，$b_2>0$。

代码如下：

```
#安装和加载工具包
> install.packages("deSolve")
> library(deSolve)
#创建自定义函数
> Lorenz = function(t,state,parameters){with (as.list(c(state,parameters)),{
+   dX = a1 * X + b1 * X * Y
+   dY = a2 * Y + b2 * X * Y
+   list(c(dX,dY))
+ })
+ }
#给函数赋值初始值，其中 x = 25,y = 2
> state<-c(X = 25,Y = 2)
#给函数设定参数值，其中 a1 = 1,a2 = -0.5,b1 = -0.1,b2 = 0.02
> parameters<-c(a1 = 1,a2 = -0.5,b1 = -0.1,b2 = 0.02)
```

```
#设定步长
> times<-seq(0,20,by = 0.1)
#利用 ode 函数求解
> out<-ode(y = state,times = times,func = Lorenz,parms = parameters)
#将结果进行绘图
> plot(out[,1],out[,2],type = "l",col = "red",xlab = "时间",ylab = "数量")
> lines(out[,1],out[,3],type = "l",col = "blue")
> legend("topright",inset = .05,c("x(t)","y(t)"),lty = c(1,1),col = c("red",
"blue"))
```

结果绘图如图 6-2 所示。

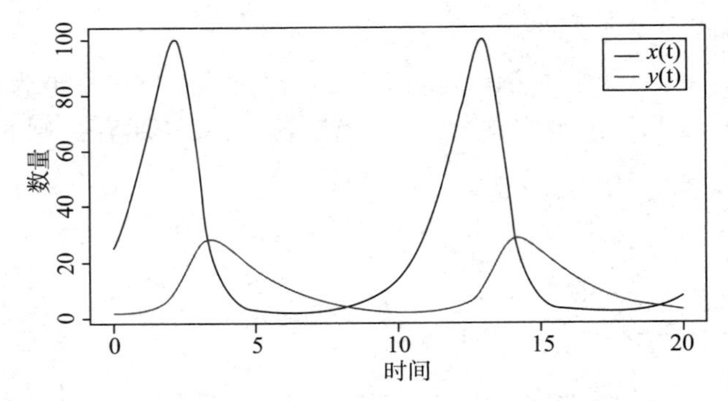

图 6-2　兔子与狼的种群增长的动力学模型的绘图展示

从结果可知，兔子和狼的种群数量呈现一种周期性的振荡变化，兔子数量的增长，会增加狼的数量，兔子数量的减少，会引起狼的数量减少，且这种变化有一定的滞后性。

2. 相互竞争关系

[例 6.3]　假设甲种群为老鼠 $x(t)$，乙种群为兔子 $y(t)$，老鼠和兔子是竞争关系的两种群，其中一种群的增长必定会阻碍另一种群数量的增长。则其种群增长模型可表示为：

$$\frac{dx}{dt}=x(a_1+b_1x+c_1y)$$

$$\frac{dy}{dt}=y(a_2+b_2x+c_2y)$$

式中 $a_1>0, a_2>0, c_1<0, c_2<0$。

代码如下：

```
#安装和加载工具包
> install.packages("deSolve")
> library(deSolve)
#创建自定义函数
>Lorenz = function(t,state,parameters){with (as.list(c(state,parameters)),{
+   dX = a1 * X + b1 * X * X + c1 * X * Y
+   dY = a2 * Y + b2 * Y * Y + c2 * X * Y
+   list(c(dX,dY))
+   })
+ }
#给函数赋值初始值,其中 x = 25,y = 30
> state<-c(X = 25,Y = 30)
#给函数设定参数值,其中 a1 = 1,a2 = 0.9,b1 = -0.03,b2 = -0.01,c1 = -0.1,c2 = -0.2
> parameters<-c(a1 = 1,a2 = 0.9,b1 = -0.03,b2 = -0.01,c1 = -0.1,c2 = -0.2)
#设定步长
> times<-seq(0,15,by = 0.1)
#利用 ode 函数求解
> out<-ode(y = state,times = times,func = Lorenz,parms = parameters)
#将结果进行绘图
> plot(out[,1],out[,2],type = "l",col = "red",xlab = "时间",ylab = "数量",ylim
= c(0,40))
> lines(out[,1],out[,3],type = "l",col = "blue")
> legend("right",inset = .05,c("x(t)","y(t)"),lty = c(1,1),col = c("red",
"blue"))
```

相互竞争关系模式图如图 6-3。

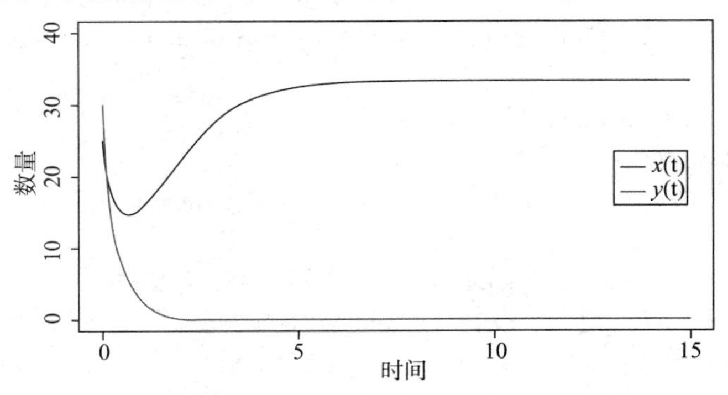

图 6-3　竞争关系的两种群老鼠 x 和兔子 y 模型展示

从结果可知，老鼠与兔子两种群是相互竞争关系，随着环境资源消耗，某种群的增长会导致另一种群的逐渐消亡。

3. 互惠共存关系

[例 6.4] 假设甲种群为大豆 $x(t)$，乙种群为根瘤菌 $y(t)$，两种群属于互惠共存关系，其中一种群的增长会促进另一种群数量的增长。则其种群增长模型可表示为：

$$\frac{dx}{dt}=x(a_1+b_1x+c_1y)$$

$$\frac{dy}{dt}=y(a_2+b_2y+c_2x)$$

式中 $a_1>0, a_2>0, c_1>0, c_2>0$。

代码如下：

```
#安装和加载工具包
> install.packages("deSolve")
> library(deSolve)
#创建自定义函数
>Lorenz = function(t,state,parameters){with (as.list(c(state,parameters)),{
+   dx = a1 * x + b1 * x * x + c1 * x * y
+   dy = a2 * y + b2 * y * y + c2 * x * y
+   list(c(dx,dy))
+   })
+ }
#给函数赋值初始值,其中 x = 25,y = 20
> state<-c(x = 25,y = 20)
#给函数设定参数值,其中 a1 = 1,a2 = 0.9,b1 = -0.03,b2 = -0.02,c1 = 0.1,c2 = 0.2
> parameters<-c(a1 = 1,a2 = 0.9,b1 = -0.03,b2 = -0.02,c1 = 0.1,c2 = 0.2)
#设定步长
> times<-seq(0,5,by = 0.1)
#利用 ode 函数求解
> out<-ode(y = state,times = times,func = Lorenz,parms = parameters)
#将结果进行绘图
> plot(out[,1],out[,2],type = "l",col = "red",xlab = "时间",ylab = "数量")
> lines(out[,1],out[,3],type = "l",col = 'blue')
> legend(0.25,3e + 147,inset = .05,c("x(t)","y(t)"),lty = c(1,1),col = c("red",
"blue"))
```

从结果可知，大豆与根瘤菌两种群的增长促进了彼此的数量增长，两者呈现为互惠共存关系（图 6-4）。

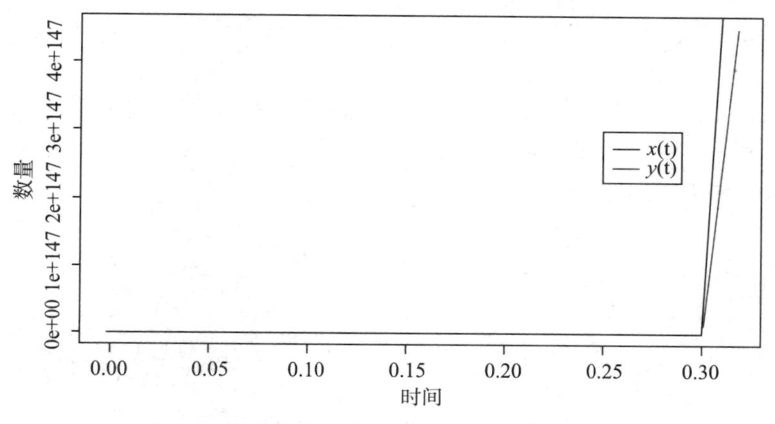

图 6-4　大豆与根瘤菌互相促进的种群增长展示

6.3　混沌与分形模型初步

［例 6.5］　观察 Logistic 映像方程 x 稳定时（去掉暂态）的值随 μ 变化的情况。

$$x_{(n+1)}=\mu x_n(1-x_n)$$

代码如下：

```
#振荡与混沌
#创建四幅图形，分别展示当 u=2.5,3.25,3.5,4 时的振荡曲线
opar<-par(no.readonly = TRUE)
par(mfrow=c(2,2))
n<-c(0:50)
μ<-c(2.5,3.25,3.5,4)
labs<-c("(a)定态","(b)周期 2","(c)周期 4","(d)混沌")
for(i in 1:4)
{
  x0<-0.1
  x<-c(0:50)
```

```
  x[1] = x0
for(j in 1:50)
{
  x[j + 1] = x[j] * μ[i] * (1-x[j])
}
  plot(n,x,type = "l",ylab = "Xn",xlab = labs[i],xlim = c(0,50),ylim = c(0,1))
  s<-paste("μ = ",μ[i], sep = "")
  text(40,0.95,s)
}
```

结果如图 6-5 所示。

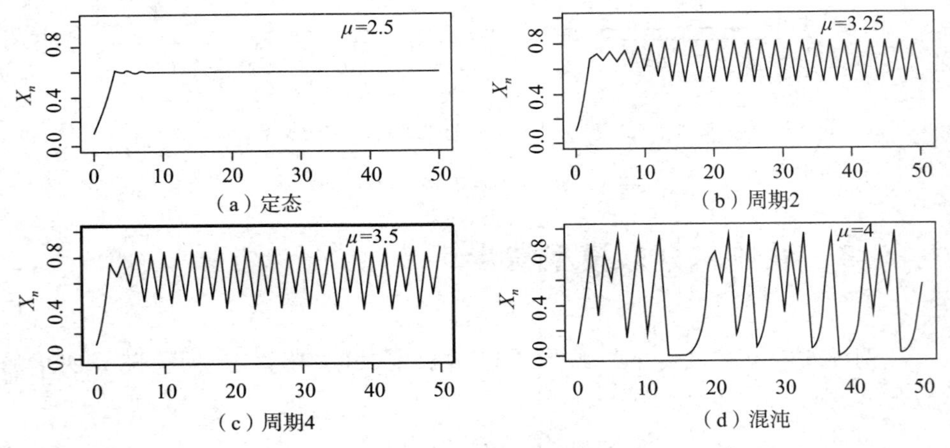

（a）定态　（b）周期2　（c）周期4　（d）混沌

图 6-5　Logistic 映像方程 x 稳定时的值随 μ 变化的情况

这种比较常见的由于参数值变化，变量 x 取值由周期逐次加倍进入混沌状态的过程为倍周期分岔通向混沌，下面通过观察 x_n 随参数 μ 的变化，可以更直观地看到倍周期分岔通向混沌的过程。

```
#振荡与混沌
#倍周期分岔图
μ<-seq(2.5,4,by = 0.001)
n<-100
for(i in 1:1501)
{
  x0<-0.1
```

```
  x<-c(0:n)
  x[1] = x0
  for(j in 1:n)
  {
    x[j + 1] = x[j] * μ[i] * (1-x[j])
  }
  μx<-c(1:52)
  for(k in 1:52)
  {
    μx[k] = μ[i]
  }
  plot(μx,x[50:101],ylab = "Xn",xlab = "μ",xlim = c(2.5,4),ylim = c(0,1))
  par(new = TRUE)
}
```

结果如图 6-6 所示。

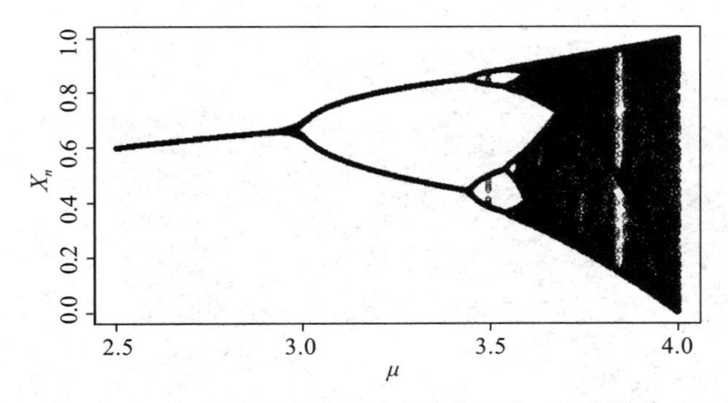

图 6-6　Logistic 映像方程 x 稳定时的值随 μ 变化的情况

[例 6.6]　绘制下列几何图形的分形图案。

(1)科赫曲线

科赫曲线(Koch curve)是一种像雪花的几何曲线,所以又称为雪花曲线。1904 年瑞典数学家科赫第一次描述了这种不论由直段还是由曲段组成的始终保持连通的线,因此将这种曲线称为科赫曲线(图 6-7)。科赫曲线可以由以下步骤生成:

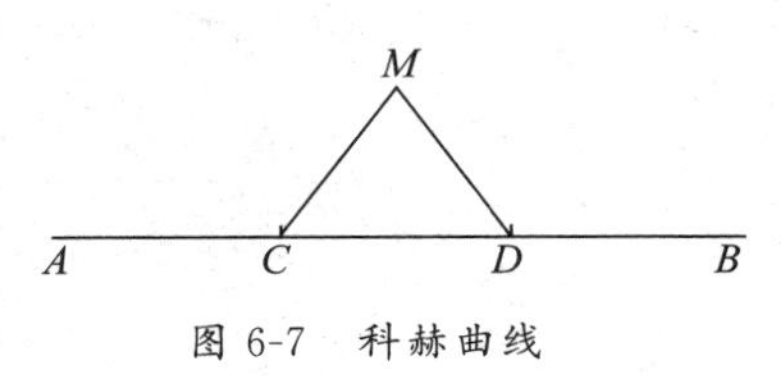

图 6-7　科赫曲线

①给定线段 AB；

②将线段分成三等份（AC、CD、DB）；

③以 CD 为底，向外（内外随意）画一个等边三角形 DMC；

④将线段 CD 移去，分别对 AC、CM、MD、DB 重复步骤①～③。

代码如下：

```
#创建四幅图形，分别展示当迭代次数 n = 0,1,2,3 时的科赫曲线
opar<-par(no.readonly = TRUE)
par(mfrow = c(1,4))
#载入迭代函数 R 文件
source("F:/R/koch.R")
for (n in 0:3)
{
  koch(c(0,1),c(0,0),n)
  s<-paste("n = ",n, sep = "")
  title(xlab = s, ylab = s)
  par(new = FALSE)
}
```

附：迭代函数程序 koch.R

```
#迭代函数
koch<- function(a,b,n){
  nn<-
  if (n == 0 ){
    plot(c(a[1],a[2]),c(b[1],b[2]),xlim = c(0,1), ylim = c(-0.1,1), asp = 1,
type = "l",xlab = "",ylab = "")
    par(new = TRUE)
  }
  else{
    #第一条线
    #初始化数组
    a1<-c(0,0)
    b1<-c(0,0)
    a1[1]<-a[1]
    b1[1]<-b[1]
    a1[2]<-a[1] + (a[2]-a[1])/3
```

```
        b1[2]<-b[1]+(b[2]-b[1])/3
        koch(a1, b1, n-1);
        #第二条线
        #初始化数组
        a2<-c(0,0)
        b2<-c(0,0)
        a2[1]<-a[1]+(a[2]-a[1])/3
        b2[1]<-b[1]+(b[2]-b[1])/3
        a2[2]<-(a[1]+(a[2]-a[1])/3*2-a2[1])*cos(pi/3)-(b[1]+(b[2]-b[1])/3*
2-b2[1])*sin(pi/3)+a2[1]
        b2[2]<-(a[1]+(a[2]-a[1])/3*2-a2[1])*sin(pi/3)+(b[1]+(b[2]-b[1])/3
*2-b2[1])*cos(pi/3)+b2[1]
        koch(a2, b2, n-1);
        #第三条线
        #初始化数组
        a3<-c(0,0)
        b3<-c(0,0)
        a3[1]<-a2[2]
        b3[1]<-b2[2]
        a3[2]<-a[1]+(a[2]-a[1])/3*2
        b3[2]<-b[1]+(b[2]-b[1])/3*2
        koch(a3, b3, n-1);
        #第四条线
        #初始化数组
        a4<-c(0,0)
        b4<-c(0,0)
        a4[2]<-a[2]
        b4[2]<-b[2]
        a4[1]<-a[1]+(a[2]-a[1])/3*2
        b4[1]<-b[1]+(b[2]-b[1])/3*2
        koch(a4, b4, n-1);
      }
   }
```

结果如图 6-8 所示。

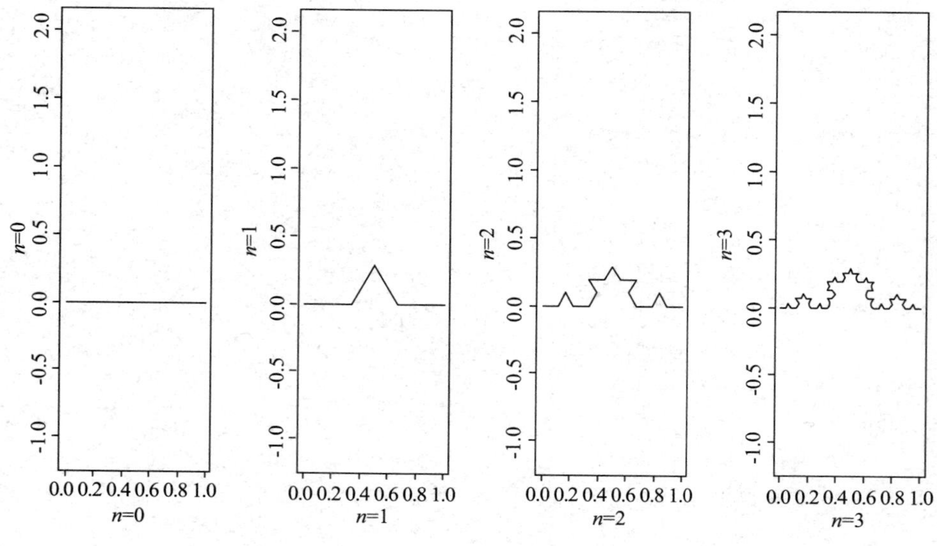

图 6-8 科赫曲线的生成

(2)谢尔宾斯基三角形

谢尔宾斯基三角形(Sierpinski triangle)是一种分形，由波兰数学家谢尔宾斯基在 1915 年提出，它是自相似集的典型例子。谢尔宾斯基三角形可以由以下步骤生成：

①取一个实心的三角形(多数使用等边三角形)；

②沿三边中点的连线，将它分成四个小三角形；

③去掉中间的那一个小三角形；

④对其余三个小三角形重复步骤①。

代码如下：

```
#创建四幅图形，分别展示当迭代次数 n=1,2,3,4 时的谢尔宾斯基三角形
opar<-par(no.readonly = TRUE)
par(mfrow=c(1,4))
#载入迭代函数 R 文件
source("F:/R/sier.R")
for (n in 1:4)
{
  s<-paste("n=",n, sep = "")
```

```
  plot(n,n,xlim = c(0,1), ylim = c(-0.1,1), asp = 1,type = "n",ylab = s,xlab  = s)
  sier(c(0,0),c(0.5,0.8),c(1,0),n)
}
```

附:迭代函数程序 sier. R

```
#迭代函数
siertri<- function(a,b,c,n){
  if (n == 0 ){
    polygon(c(a[1],b[1],c[1]),c(a[2],b[2],c[2]),col = 1)
  }
  else{
    siertri(a, (a + b)/2, (a + c)/2, n-1);
    siertri((b + a)/2, b, (b + c)/2, n-1);
    siertri((c + a)/2, (c + b)/2, c, n-1);
  }
}
```

结果如图 6-9 所示。

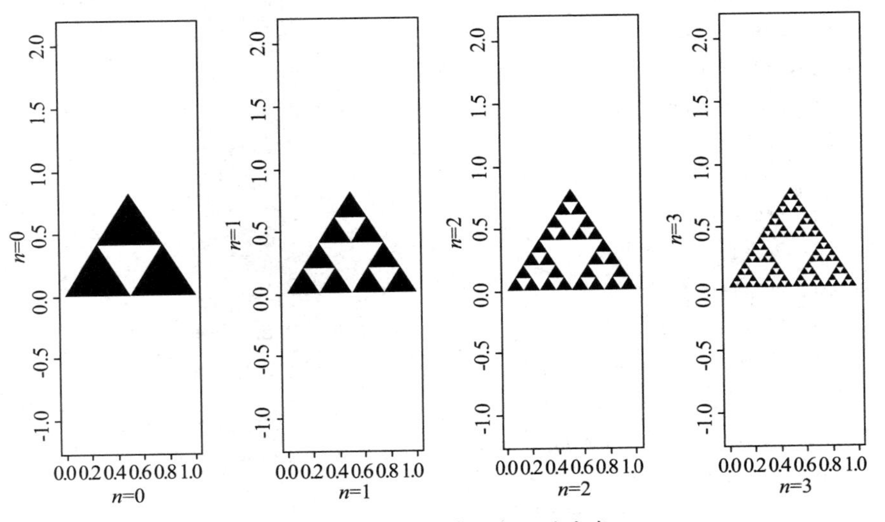

图 6-9　谢尔宾斯基三角形的生成

(3)门格海绵

门格海绵(Menger sponge、Menger universal curve)是分形的一种,有时也

被称为门格-谢尔宾斯基海绵或谢尔宾斯基海绵。它是康托尔集和谢尔宾斯基地毯在三维空间的推广。首先由奥地利数学家卡尔·门格在1926年提出描述。门格海绵可以由以下步骤生成：

①从一个正方体开始(第一个图像)；

②把正方体的每一个面分成9个正方形。这将把正方体分成27个小正方体，像魔方一样；

③把每一面的中间的正方体去掉，把最中心的正方体也去掉，留下20个正方体(第二个图像)；

④把每一个留下的小正方体都重复第①～③个步骤。

代码如下：

```
#载入3D图形绘画包
install.packages("plot3D")
library(plot3D)
install.packages("RColorBrewer")
library(RColorBrewer)
#创建三幅图形,分别展示当迭代次数n=0,1,2时的门格海绵
opar<-par(no.readonly = TRUE)
par(mfrow=c(1,3))
#载入迭代函数R文件
source("F:/R/menger.R")
for (n in 0:2)
{
  a0<-c(0,1)
  b0<-c(0,1)
  c0<-c(0,1)
  box3D(x0 = a0[1], y0 = b0[1], z0 = c0[1], #立方体起点坐标
        x1 = a0[2], y1 = b0[2], z1 = c0[2], #立方体终点坐标
        border = "white", lwd = 2,
        col = "black", alpha = 0.4)
  menger(a0,b0,c0,n)
  s<-paste("n=",n, sep = "")
  title(xlab=s)
}
```

附:迭代函数程序 menger. R

```
#迭代函数
menger<- function(a0,b0,c0,n){
  if(n == 0)
  {
box3D(x0 = a0[1], y0 = b0[1], z0 = c0[1], # 立方体起点坐标
      x1 = a0[2], y1 = b0[2], z1 = c0[2], # 立方体终点坐标
      border = "white", lwd = 2,
      col = "black", alpha = 1,add = TRUE)
  }
  else
  {
    #起点坐标
    a<-c(1:27)
    b<-c(1:27)
    c<-c(1:27)
    for(i in 1:3)
    {
      for(j in 1:9)
      {
        a[j + (i-1) * 9] = a0[1] + (i-1) * (a0[2]-a0[1])/3
      }
    }
    for(i in 1:9)
    {
      for(j in 1:3)
      {
        b[j + (i-1) * 3] = b0[1] + (j-1) * (b0[2]-b0[1])/3
      }
    }
    for(i in 1:9)
    {
      for(j in 1:3)
      {
        if(i == 3|i == 6|i == 9)
```

```
        {
          c[j + (i-1) * 3] = c0[1] + 2 * (c0[2]-c0[1])/3
        }
        else
        {
          c[j + (i-1) * 3] = c0[1] + (i % % 3-1) * (c0[2]-c0[1])/3
        }
      }
    }
    # 终点坐标
    a1 <-c(1:27)
    b1 <-c(1:27)
    c1 <-c(1:27)
    for(i in 1:27)
    {
      a1[i] = a[i] + (a0[2]-a0[1])/3
      b1[i] = b[i] + (b0[2]-b0[1])/3
      c1[i] = c[i] + (c0[2]-c0[1])/3
    }
    for(i in 1:27)
    {
      if(i == 5|i == 11|i == 13|i == 14|i == 15|i == 17|i == 23)
      {
        box3D(x0 = a[i], y0 = b[i], z0 = c[i], # 立方体起点坐标
              x1 = a1[i], y1 = b1[i], z1 = c1[i], # 立方体终点坐标
              border = "white", lwd = 2,
              col = "white",alpha = 0.4,add = TRUE)
      }
      else
      {
        menger(c(a[i],a1[i]),c(b[i],b1[i]),c(c[i],c1[i]),n-1)
      }
    }
  }
}
```

结果如图 6-10 所示。

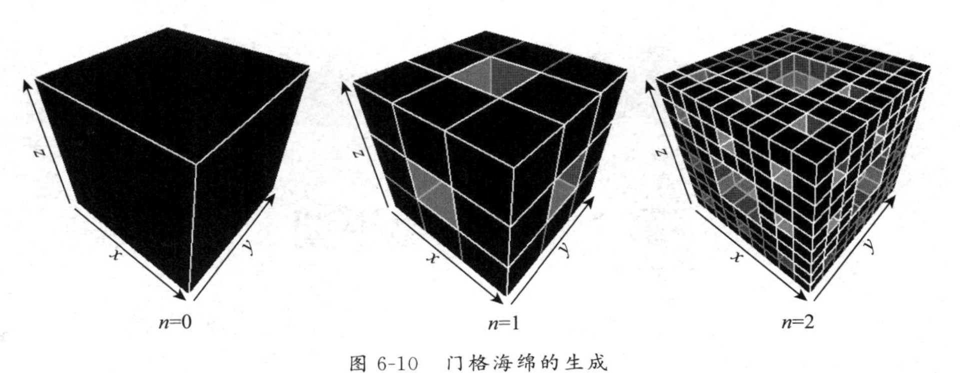

图 6-10　门格海绵的生成

第 7 章　优化模型

7.1　线性规划

在 R 语言中提供了 Rglpk 包用以解决线性规划问题，函数 Rglpk_solve_LP() 的标准格式如下：

```
Rglpk_solve_LP (obj, mat, dir, rhs, bounds = NULL, types = NULL, max = FALSE,
control = list(),...)
```

其中参数描述如表 7-1。

表 7-1　参数描述

参数	作用
obj	规划目标系数
mat	约束向量矩阵
dir	约束方向向量，由‘>’、‘<’、‘=’构成
rhs	约束值
bounds	上下限的约束，默认 0 到 INF
type	限定目标变量的类型，‘B’指的是 0-1 规划，‘C’代表连续，‘I’代表整数，默认是‘C’
control	包含四个参数 verbose、presolve、tm_limit、canonicalize_status

下面我们来看一下具体的案例应用。

7.1.1　生产计划问题一

[例 7.1]　某工厂生产Ⅰ、Ⅱ 2 种产品，已知有关数据如表 7-2 所示。

表 7-2　某厂生产数据

项目	产品		拥有量
	Ⅰ	Ⅱ	
原材料/(kg/件)	2	1	11kg
工时/(h/件)	1	2	10h
利润/(元/件)	8	10	

设生产产品Ⅰ和产品Ⅱ的件数分别为 x_1 和 x_2，总利润为 z 元，则此问题的数学模型为在条件

$$\begin{cases} 2x_1+x_2\leqslant 11 \\ x_1+2x_2\leqslant 10 \\ x_1\geqslant 0, x_2\geqslant 0 \end{cases}$$

下，求 x_1、x_2，使

$$\max z=8x_1+10x_2$$

```
#安装线性规划求解包,第一次使用之前需先安装包
>install.packages("Rglpk")
#加载包
>library(Rglpk)
#规划目标系数
>obj<-c(8,10)
#约束向量矩阵
>mat <- matrix(c(2, 1, 1, 2), nrow = 2)
#约束方向向量,由'>'、'<'、'='构成
>dir<-c("<=","<=")
#约束值
>rhs<-c(11,10)
#目标值为 max
>max<-TRUE
#求解
>Rglpk_solve_LP(obj, mat, dir, rhs, max = max)
$optimum
```

```
[1] 62
$ solution
[1] 4 3
```

从结果可知,求得 $x_1=4$、$x_2=3$,目标最大值为 62。

7.1.2 生产计划问题二

[例 7.2] 某食品厂,用蒸馏器甲和乙生产 4 种饮料。

生产第 1 种饮料每单位每周需要原料 100t,使用甲蒸馏器每周生产总工时的 7%,用乙蒸馏器每周生产总工时的 3%,获利润 60 元。

生产第 2 种饮料每单位每周需要原料 100t,使用甲蒸馏器每周生产总工时的 5%,用乙蒸馏器每周生产总工时的 5%,获利润 60 元。

生产第 3 种饮料每单位每周需要原料 100t,使用甲蒸馏器每周生产总工时的 3%,用乙蒸馏器每周生产总工时的 10%,获利润 90 元。

生产第 4 种饮料每单位每周需要原料 100t,使用甲蒸馏器每周生产总工时的 2%,用乙蒸馏器每周生产总工时的 15%,获利润 90 元。

已知食品厂每周只能提供生产饮料用的原料 1500t。甲蒸馏器每周生产总工时为 100h;乙蒸馏器每周生产总工时为 100h,问应该怎样安排生产,使食品厂获利最大?

根据实际问题,将上述文字说明转化为列表,如表 7-3 所示。

表 7-3 生产饮料基本数据

条件	品种				限制量 b_i
	饮料 1	饮料 2	饮料 3	饮料 4	
	x_1	x_2	x_3	x_4	
原料/t	100	100	100	100	1500
甲生产工时/%	7	5	3	2	100
乙生产工时/%	3	5	10	15	100
利润/元	60	60	90	90	

设 $x_j(j=1,2,3,4)$为第 j 种饮料每周生产的数量,总利润为 z 元,则此问题的数学模型为在条件

$$\begin{cases}100x_1+100x_2+100x_3+100x_4\leqslant 1500\\7x_1+5x_2+3x_3+2x_4\leqslant 100\\3x_1+5x_2+10x_3+15x_4\leqslant 100\\x_j\geqslant 0\quad (j=1,2,3,4)\end{cases}$$

下,求目标函数(利润)取最大值:

$$\max z=60x_1+60x_2+90x_3+90x_4$$

```
#加载线性规划求解包
>install.packages("Rglpk")
>library(Rglpk)
#规划目标系数
>obj<-c(60,60,90,90)
#约束向量矩阵
>mat<-matrix(c(100,7,3,100,5,5,100,3,10,100,2,15), nrow = 3,ncol = 4)
#约束方向向量,由'>=','<=','=='构成
>dir<-c("<=","<=","<=")
#约束值
>rhs<-c(1500,100,100)
#目标值为 max
>max<-TRUE
#求解
>Rglpk_solve_LP(obj, mat, dir, rhs,max = max)
$optimum
[1] 1135.714

$solution
[1] 7.142857 0.000000 7.857143 0.000000
```

从结果可知,求得 $x_1=7.14$、$x_2=0.00$、$x_3=7.86$、$x_4=0.00$,目标最大值为 1135.714。

7.1.3　营养配方问题

[例 7.3]　一饲料工厂用苜蓿草、鱼粉、豆饼粉配制 1t 配合饲料,要求至少含有 35%蛋白质,1.5%脂肪,纤维素含量不得超过 8%。求成本最低的饲料最佳配制方案。有关数据见表 7-4。

表 7-4　营养成分

营养成分及成本	限制条件	原料营养成分含量/%		
		苜蓿草	鱼粉	豆饼粉
纤维素	不超过 8%	25	1	7
蛋白质	至少需有 35%	17	60	42

续表 7-4

营养成分及成本	限制条件	原料营养成分含量/%		
		苜蓿草	鱼粉	豆饼粉
脂肪	至少需有 1.5%	2	7	0.5
成本/(元/t)		230	1600	330

注:按重量计的百分比

设配制 1t 配合饲料需苜蓿草、鱼粉、豆饼粉的量分别为 x_1、x_2、x_3,成本为 z 元,则此问题的数学模型就是确定一组决策变量 x_1、x_2、x_3,满足约束条件:

$$\begin{cases} 25x_1+x_2+7x_3\leqslant 8 \\ 17x_1+60x_2+42x_3\geqslant 35 \\ 2x_1+7x_2+0.5x_3\geqslant 1.5 \\ x_1+x_2+x_3=1 \\ x_j\geqslant 0 \quad (j=1,2,3) \end{cases}$$

使

$$\min z=230x_1+1600x_2+330x_3$$

```
#规划目标系数
>obj<-c(230,1600,330)
#约束向量矩阵
>mat <- matrix(c(25,17,2,1,1,60,7,1,7,42,0.5,1), nrow = 4,ncol = 3)
#约束方向向量,由'>=','<=','=='构成
>dir<-c("<=",">=",">=","==")
#约束值
>rhs<-c(8,35,1.5,1)
#目标值为 min
>max<-FALSE
#求解
>Rglpk_solve_LP(obj, mat, dir, rhs, max = max)
$optimum
[1] 486.3889

$solution
[1] 0.09920635 0.13095238 0.76984127
```

从结果可知,求得 $x_1=0.0992$、$x_2=0.1310$、$x_3=0.7698$,目标最小值为 486.3889。

7.1.4　运输问题一

[例 7.4]　2 个工厂 A_1 和 A_2，分别生产同类产品 2300t 与 2700t，供应 B_1、B_2、B_3 3 个地区。3 地区对产品的需要量以及工厂到 3 个地区的距离如表 7-5 所示。问 2 个工厂生产的产品应如何调运，才能使总运输量最少？

表 7-5　3 个地区的产品需要量以及工厂到 3 个地区的距离

项目	至销地的距离/km			产量/t
	B_1	B_2	B_3	
工厂 A_1	50	60	70	2300
工厂 A2	60	110	160	2700
需要量/t	1700	1800	1500	5000

为确定最佳调运方案，把调动的产品量设为变量，用 x_{ij} 表示工厂 A_i $(i=1,2)$ 运往销地 B_j $(j=1,2,3)$ 的产品量。调运方案见表 7-6。

表 7-6　调运方案表

项目	B_1		B_2		B_3		产量/t
	货运量/t	距离/km	货运量/t	距离/km	货运量/t	距离/km	
工厂 A_1	x_{11}	50	x_{12}	60	x_{13}	70	2300
工厂 A_2	x_{21}	60	x_{22}	110	x_{23}	160	2700
需要量/t	1700		1800		1500		5000

把这个实际问题抽象成数字模型，就是确定一组决策变量 x_{ij} 满足约束条件：

$$\begin{cases} x_{11}+x_{12}+x_{13}=2300 \\ x_{21}+x_{22}+x_{23}=2700 \\ x_{11}+x_{21}=1700 \\ x_{12}+x_{22}=1800 \\ x_{13}+x_{23}=1500 \\ x_{ij}\geqslant 0 \quad (i=1,2;j=1,2,3) \end{cases}$$

使总运输量 f 取最小值：

$$\min f=50x_{11}+60x_{12}+70x_{13}+60x_{21}+110x_{22}+160x_{23}$$

```
#规划目标系数
>obj<-c(50,60,70,60,110,160)
```

```
#约束向量矩阵
>mat<- matrix(c(1,0,1,1,0,1,0,0,0,0,1,0,0,0,1,0,1,1,0,0,0,1,0,1,0,0,1,0,0,
1), nrow = 5,ncol = 6)
#约束方向向量,由'>=','<=','=='构成
>dir<-c("==","==","==","==","==")
#约束值
>rhs<-c(2300,2700,1700,1800,1500)
#目标值为 min
>max<-FALSE
#求解
>Rglpk_solve_LP(obj, mat, dir, rhs, max = max)
$optimum
[1] 381000

$solution
[1]  400  400 1500 1300 1400   0
```

从结果可知,求得 $x_1=400$、$x_2=400$、$x_3=1500$、$x_4=1300$、$x_5=1400$、$x_6=0$,目标最小值为381000。

7.1.5 运输问题二

[例7.5] 假设有3个化肥厂 A_1、A_2、A_3,他们生产肥料的日产量分别为100t、80t、50t。另有4个混肥生产厂 B_1、B_2、B_3、B_4,它们每天需要肥料分别为50t、70t、80t、30t。已知从 A_1、A_2、A_3 向 B_1、B_2、B_3、B_4 运送1t肥料的费用如表7-7所示,问如何安排运输计划,使得总运费最少?

表7-7 产销平衡及运价

项目	混肥厂运价/(元/t)				产量/t
	B_1	B_2	B_3	B_4	
肥料厂 A_1	x_{11}	x_{12}	x_{13}	x_{14}	100
	(1.5)	(2)	(0.3)	(3)	
肥料厂 A_2	x_{21}	x_{22}	x_{23}	x_{24}	80
	(7)	(0.8)	(1.4)	(2)	
肥料厂 A_3	x_{31}	x_{32}	x_{33}	x_{34}	50
	(1.2)	(0.3)	(2)	(2.5)	
需要量/t	50	70	80	30	230

设从 $A_i(i=1,2,3)$ 运到 $B_j(j=1,2,3,4)$ 的肥料为 x_{ij}，如表 7-7 所示，则此问题可总结为如下数学模型，求 x_{ij} 满足条件：

$$\begin{cases} x_{11}+x_{12}+x_{13}+x_{14}=100 \\ x_{21}+x_{22}+x_{23}+x_{24}=80 \\ x_{31}+x_{32}+x_{33}+x_{34}=50 \\ x_{11}+x_{21}+x_{31}=50 \\ x_{12}+x_{22}+x_{32}=70 \\ x_{13}+x_{23}+x_{33}=80 \\ x_{14}+x_{24}+x_{34}=30 \\ x_{ij}\geqslant 0 \quad (i=1,2,3;j=1,2,3,4) \end{cases}$$

使总运费 f 取最小值：

$$\min f=1.5x_{11}+2x_{12}+0.3x_{13}+3x_{14}+7x_{21}+0.8x_{22}+1.4x_{23} \\ +2x_{24}+1.2x_{31}+0.3x_{32}+2x_{33}+2.5x_{34}$$

```
#规划目标系数
>obj<-c(1.5,2,0.3,3,7,0.8,1.4,2,1.2,0.3,2,2.5)
#约束向量矩阵
>mat<-matrix(data = NA,nrow = 7,ncol = 12)
>mat[1,]<-0
>mat[1,1:4]<-1
>mat[2,]<-0
>mat[2,5:8]<-1
>mat[3,]<-0
>mat[3,9:12]<-1
>mat[4,]<-0
>mat[4,1]<-1
>mat[4,5]<-1
>mat[4,9]<-1
>mat[5,]<-0
>mat[5,2]<-1
>mat[5,6]<-1
>mat[5,10]<-1
>mat[6,]<-0
>mat[6,3]<-1
>mat[6,7]<-1
```

```
>mat[6,11]<-1
>mat[7,]<-0
>mat[7,4]<-1
>mat[7,8]<-1
>mat[7,12]<-1
#约束方向向量,由'>=','<=','=='构成
>dir<-c("==","==","==","==","==","==","==")
#约束值
>rhs<-c(100,80,50,50,70,80,30)
#目标值为min
>max<-FALSE
#求解
>Rglpk_solve_LP(obj, mat, dir, rhs,max = max)
$optimum
[1] 196

$solution
[1] 20  0  80  0  0  50  0  30  30  20  0  0

$status
[1] 0

$solution_dual
[1] 0.0 1.4 0.0 1.2 5.3 0.0 0.9 0.0 0.0 0.0 2.0 1.0

$auxiliary
$auxiliary$primal
[1] 100  80  50  50  70  80  30

$auxiliary$dual
[1] 3.000000e-01 5.000000e-01 0.000000e+00 1.200000e+00 3.000000e-01-4.973799e-17
[7] 1.500000e+00

$sensitivity_report
[1] NA
```

从结果可知,求得 $x_{11}=20$、$x_{12}=0$、$x_{13}=80$、$x_{14}=0$,$x_{21}=0$、$x_{22}=50$,$x_{23}=0$、$x_{24}=30$,$x_{31}=30$、$x_{32}=20$、$x_{33}=0$、$x_{34}=0$,目标最小值为 196。

7.1.6　农业结构调整问题

[例 7.6]　某农场有耕地 1400 亩(1 亩≈666.67m^2)、有机肥 11406t、化肥 2250kg、劳力 15000 个工日。现计划种植玉米、小麦、大豆、谷子、高粱等 5 种作物。已知各种作物的单产和每亩作物对资源的消耗量如表 7-8 所示。问:应该如何安排作物的种植计划,才能取得最高总产量?

表 7-8　作物消耗资源

项目	作物					资源限制量
	玉米	小麦	大豆	谷子	高粱	
土地/亩	x_1	x_2	x_3	x_4	x_5	1400
有机肥/t	8	10	7	9	8	11406
化肥/kg	6	4	4.5	7	5.5	2250
劳力/工日	16	4	4	20	16	15000
每亩产量/kg	250	200	125	100	125	

设 5 种作物的种植面积分别为 $x_j(j=1,2,\cdots,5)$亩,则这个实际问题抽象成数学模型即为确定一组决策变量 $x_j(j=1,2,\cdots,5)$满足约束条件:

$$\begin{cases} x_1+x_2+x_3+x_4+x_5=1400 \\ 8x_1+10x_2+7x_3+9x_4+8x_5\leqslant 11406 \\ 6x_1+4x_2+4.5x_3+7x_4+5.5x_5\leqslant 2250 \\ 16x_1+4x_2+4x_3+20x_4+16x_5\leqslant 15000 \\ x_j\geqslant 0 \quad (j=1,2,\cdots,5) \end{cases}$$

使 5 种作物的总产量 f 取最大值:

$$\max f=250x_1+200x_2+125x_3+100x_4+125x_5$$

```
#规划目标系数
>obj<-c(250,200,125,100,125)
#约束向量矩阵
>mat<-matrix(c(1,8,6,16,1,10,4,4,1,7,4.5,4,1,9,7,20,1,8,5.5,16), nrow = 4,
ncol = 5)
#约束方向向量,由'>=''<=''=='构成
>dir<-c("==","<=","<=","<=")
#约束值
>rhs<-c(1400,11406,2250,15000)
```

```
#目标值为max
>max<-TRUE
#求解
>Rglpk_solve_LP(obj, mat, dir, rhs, max = max)
$optimum
[1] 112500

$solution
[1]  0.0  562.5  0.0  0.0  0.0
```

从结果可知，求得 $x_1=0.0$、$x_2=562.5$、$x_3=0.0$、$x_4=0.0$、$x_5=0.0$，目标最大值为112500。

7.1.7 农业用水最优分配问题

[例7.7] 农业用水对象为小麦、玉米、经济作物、果树4项，其用水对策拟定为畦灌、喷灌、滴灌、雨灌(即不灌)4项。经过两层次二元组合，得出14个决策变量 $x_1 \sim x_{14}$，由于滴灌应用于大田是不适宜的，所以不考虑小麦、玉米的滴灌方案。农业用水最优分配的线性规划模型决策变量如表7-9所示。

表7-9 决策变量 万亩

用水对策	用水对象			
	小麦	玉米	经济作物	果树
畦灌	x_1	x_4	x_7	x_{11}
喷灌	x_2	x_5	x_8	x_{12}
滴灌			x_9	x_{13}
雨灌	x_3	x_6	x_{10}	x_{14}

建立约束条件：

$$\sum_{j=1}^{14} x_j \leqslant 127.1 \quad (\text{总面积限制})$$

$$x_1+x_2+x_3 \leqslant 77 \quad (\text{小麦面积限制})$$

$$\left.\begin{array}{l} x_1 \leqslant 33.8 \\ x_1 \geqslant 7.8 \end{array}\right\} \quad (\text{小麦畦灌面积限制})$$

$$\left.\begin{array}{l} x_2 \leqslant 64.4 \\ x_2 \geqslant 20.9 \end{array}\right\} \quad (\text{小麦喷灌面积限制})$$

$$x_4+x_5+x_6 \leqslant 20 \quad (\text{玉米面积限制})$$

$$\left.\begin{array}{l}x_4 \leqslant 9.8 \\ x_4 \geqslant 2.4\end{array}\right\}$$ （玉米畦灌面积限制）

$$\left.\begin{array}{l}x_5 \leqslant 18.4 \\ x_5 \geqslant 4.6\end{array}\right\}$$ （玉米喷灌面积限制）

$x_7+x_8+x_9+x_{10} \leqslant 26$ （经济作物面积限制）

$$\left.\begin{array}{l}x_7 \leqslant 11.9 \\ x_7 \geqslant 3.2\end{array}\right\}$$ （经济作物畦灌面积限制）

$$\left.\begin{array}{l}x_8 \leqslant 23.9 \\ x_8 \geqslant 6.6\end{array}\right\}$$ （经济作物喷灌面积限制）

$x_9 \geqslant 4.1$ （经济作物滴灌面积限制）

$x_{11}+x_{12}+x_{13}+x_{14} \leqslant 4.1$ （果树面积限制）

$x_{11} \leqslant 2$ （果树畦灌面积限制）

$$\left.\begin{array}{l}x_{12} \leqslant 3.9 \\ x_{12} \geqslant 1.1\end{array}\right\}$$ （果树喷灌面积限制）

$x_{13} \geqslant 0.9$ （果树滴灌面积限制）

$210x_1+110x_2+190x_4+100x_5+200x_7+100x_8+70x_9+180x_{11}+95x_{12}+60x_{13} \leqslant 11707$ （水资源量限制）

$x_j \geqslant 0 \quad (j=1,2,\cdots,14)$（非负限制）

使总收益 f 取最大值：

$\max f=60x_1+55x_2+35x_3+52x_4+47x_5+30x_6+100x_7+90x_8+85x_9+60x_{10}+600x_{11}+550x_{12}+520x_{13}+350x_{14}$

目标函数中各系数均为每万亩土地净收益（万元），均经过农田水利灌溉经济计算得来。

```
#加载线性规划求解包
>install.packages("Rglpk")
>library(Rglpk)
#水资源分配问题
#规划目标系数
>obj<-c(60,55,35,52,47,30,100,90,85,60,600,550,520,350)
#约束向量矩阵
>mat<-matrix(data = NA,nrow = 6,ncol = 14)
>mat[1,]<-1
>mat[2,]<-0
```

```
>mat[2,1:3]<-1
>mat[3,]<-0
>mat[3,4:6]<-1
>mat[4,]<-0
>mat[4,7:10]<-1
>mat[5,]<-0
>mat[5,11:14]<-1
>mat[6,]<-c(210,110,0,190,100,0,200,100,70,0,180,95,60,0)
#约束方向向量,由'>='、'<='、'=='构成
>dir<-c("<=","<=","<=","<=","<=","<=")
#约束值
>rhs<-c(127.1,77,20,26,4.1,11707)
>bounds <- list(lower = list(ind = c(1L,2L,4L,5L,7L,8L,9L,11L,12L,13L), val = c(7.8,20.9,2.4,4.6,3.2,6.6,4.1,0,1.1,0.9)),
+ upper = list(ind = c(1L,2L,4L,5L,7L,8L,9L,11L,12L,13L),
val = c(33.8,64.4,9.8,18.4,11.9,23.9,Inf,2,3.9,Inf)))
#目标值为 max
>max<-TRUE
#求解
>Rglpk_solve_LP(obj, mat, dir, rhs, bounds,max = max)
$optimum
[1] 9365.636

$solution
[1] 7.80000 56.28182 12.91818 2.40000 4.60000 13.00000 3.20000 6.60000 16.20000 0.00000
[11] 2.00000 1.20000 0.90000 0.00000
```

从结果可知,求得 $x_1=7.8$、$x_2=56.28$、$x_3=12.92$、$x_4=2.4$、$x_5=4.6$、$x_6=13.00$、$x_7=3.2$、$x_8=6.6$、$x_9=16.2$、$x_{10}=0$、$x_{11}=2$、$x_{12}=1.2$、$x_{13}=0.9$、$x_{14}=0$,目标最大值为 9365.636。

7.2 目标规划

R 中,goalprog 包 (Novomestky, 2008) 可以求解目标规划问题,其核心函

数为 llgp()，标准格式如下：

```
llgp(coefficients,targets,achievements,maxiter = 1000,verbose = FALSE)
```

其中参数描述如表 7-10 所示。

表 7-10　参数描述

参数	作用
coefficients	约束变量(不包括偏差变量)的系数矩阵
targets	系数矩阵对应的约束向量
achievements	目标函数（默认求最小值）的数据框，是由 4 个向量构成：objective、priority、p 和 n。其中数据框的每一行对应一个软约束条件：objective 和 priority 为正整数，分别表示针对第几对偏差变量（第 n 对偏差变量必须出现在第 n 个目标约束中）和该偏差变量的优先级别，p 和 n 分别表示 d+(正偏差变量)、d−(负偏差变量）的权系数
maxiter	最大迭代次数，取正整数，默认为 1000
verbose	逻辑变量(取 TRUE 或 FALSE)，决定是否输出中间过程，默认不输出

下面我们来看一下具体的案例应用。

[例 7.8]　已知有 3 个产地给 4 个销地供应物资，产销地之间的供需量和单位运价见表 7-11(叶向，2007)。

表 7-11　供需和单位运价

产地	销地				量/t
	B_1	B_2	B_3	B_4	
A_1	5	2	6	7	300
A_2	3	5	4	6	200
A_3	4	5	2	3	400
销量/t	200	100	450	250	

有关部门在研究调运方案时依次考虑以下 7 项目标，并规定其相应的优先等级：

P_1——B_4 是重点保证单位，必须全部满足其需要；

P_2——A_3 向 B_1 提供的产量不少于 100t；

P_3——每个销地得到的物资数量不少于其需要量的 80%；

P_4——所订调运方案的总运费不超过最小总运费调运方案的 110%；

P_5——因路段的问题，尽量避免安排将 A_2 的产品运往 B_4。

P_6——给 B_1 和 B_2 的供应率要尽可能相同；

P_7——力求总运费最省。

试求满意的调运方案。

根据问题描述，设 x_{ij} 为 A_i 运往 B_j 的物资数量（$i=1,2,3;j=1,2,3,4$），d_k^-、d_k^+ 为偏差变量（$k=1,2,\cdots,10$）。满足以下约束条件：

$$\begin{cases} x_{11}+x_{12}+x_{13}+x_{14}=300 \\ x_{21}+x_{22}+x_{23}+x_{24}=200 \\ x_{31}+x_{32}+x_{33}+x_{34}=400 \end{cases} \quad \text{（供应量约束）}$$

$$\begin{cases} x_{11}+x_{21}+x_{31}\leqslant 200 \\ x_{12}+x_{22}+x_{32}\leqslant 100 \\ x_{13}+x_{23}+x_{33}\leqslant 450 \\ x_{14}+x_{24}+x_{34}\leqslant 250 \end{cases} \quad \text{（需求量约束）}$$

$$x_{14}+x_{24}+x_{34}+d_1^- -d_1^+ =250 \quad \text{（目标约束 P}_1\text{）}$$

$$x_{31}+d_2^- -d_2^+ =100 \quad \text{（目标约束 P}_2\text{）}$$

$$\begin{cases} x_{11}+x_{21}+x_{31}+d_3^- -d_3^+ =200\times 0.8 \\ x_{12}+x_{22}+x_{32}+d_4^- -d_4^+ =100\times 0.8 \\ x_{13}+x_{23}+x_{33}+d_5^- -d_5^+ =450\times 0.8 \\ x_{14}+x_{24}+x_{34}+d_6^- -d_6^+ =250\times 0.8 \end{cases} \quad \text{（目标约束 P}_3\text{）}$$

$$\sum_{i=1}^{3}\sum_{j=1}^{4} c_{ij}x_{ij}+d_7^- -d_7^+ =2950(1+10\%) \quad \text{（目标约束 P}_4\text{）}$$

$$x_{24}+d_8^- -d_8^+ =0 \quad \text{（目标约束 P}_5\text{）}$$

$$\frac{(x_{11}+x_{21}+x_{32})}{200}-\frac{(x_{13}+x_{23}+x_{33})}{450}+d_9^- -d_9^+ =0 \quad \text{（目标约束 P}_6\text{）}$$

$$\sum_{i=1}^{3}\sum_{j=1}^{4} c_{ij}x_{ij}+d_{10}^- -d_{10}^+ =2950 \quad \text{（目标约束 P}_7\text{）}$$

$$x_{ij}\geqslant 0,d_k^-\geqslant 0,d_k^+\geqslant 0,i=1,2,3;j=1,2,3,4;k=1,2,\cdots,10 \quad \text{（非负约束）}$$

使目标函数 z 取最小值：

$$\min z=P_1d_1^- +P_2d_2^- +P_3(d_3^- +d_4^- +d_5^- +d_6^-)+P_4d_7^+ +P_5d_8^+ +P_6(d_9^- +d_9^+)+P_7d_{10}^+$$

```
#加载多目标规划求解包
#此包已从cran移出，需要自己去网上下载，并进行相应安装
install.packages("lpSolve")
setwd("F:/")
```

```
install.packages("goalprog_1.0-2.tar.gz", repos = NULL)
library(goalprog)
#约束变量(不包括偏差变量)的系数矩阵
>coefficients<-matrix(c( 1,1,1,1,0,0,0,0,0,0,0,0,
+                        0,0,0,0,1,1,1,1,0,0,0,0,
+                        0,0,0,0,0,0,0,0,1,1,1,1,
+                        1,0,0,0,1,0,0,0,1,0,0,0,
+                        0,1,0,0,0,1,0,0,0,1,0,0,
+                        0,0,1,0,0,0,1,0,0,0,1,0,
+                        0,0,0,1,0,0,0,1,0,0,0,1,
+                        0,0,0,1,0,0,0,1,0,0,0,1,
+                        0,0,0,0,0,0,0,0,1,0,0,0,
+                        1,0,0,0,1,0,0,0,1,0,0,0,
+                        0,1,0,0,0,1,0,0,0,1,0,0,
+                        0,0,1,0,0,0,1,0,0,0,1,0,
+                        0,0,0,1,0,0,0,1,0,0,0,1,
+                        5,2,6,7,3,5,4,6,4,5,2,3,
+                        0,0,0,0,0,0,0,1,0,0,0,0,
+                        1/200,0,-1/450,0,1/200,0,
                         -1/450,0,1/200,0,-1/450,0,
+                        5,2,6,7,3,5,4,6,4,5,2,3),12)
>coefficients<-t(coefficients)
#系数矩阵对应的约束向量
>targets<-c(300,200,400,200,100,450,250,250,100,160,80,360,200,3245,0,0,
2950)
#关于目标函数(默认求最小值)的数据框,是由4个向量构成:objective、priority、p和n
#其中数据框的每一行对应一个软约束条件:objective和priority为正整数,分别表示针对第几对偏差变量(第n对偏差变量必须出现在第n个目标约束中)和该偏差变量的优先级别,p和n分别表示d+(正偏差变量)、d-(负偏差变量)的权系数
>achievements<-data.frame(objective = 1:17,priority = c(1,1,1,1,1,1,1,2,3,4,4,
4,4,5,6,7,8),p = c(1,1,1,1,1,1,1,0,0,0,0,0,0,1,1,1,1),n = c(1,1,1,0,0,0,0,1,1,1,1,
1,1,0,0,1,0))
>soln<-llgp(coefficients,targets,achievements)
>soln $ converged
[1] TRUE
>soln $ out
```

```
Decision variables
                X
X1     0.000000e+00
X2     1.000000e+02
X3     2.000000e+02
X4     0.000000e+00
X5     9.000000e+01
X6     0.000000e+00
X7     1.100000e+02
X8     0.000000e+00
X9     1.000000e+02
X10    0.000000e+00
X11    5.000000e+01
X12    2.500000e+02
Summary of objectives
           Objective          Over         Under        Target
G1     3.000000e+02  0.000000e+00  0.000000e+00  3.000000e+02
G2     2.000000e+02  0.000000e+00  0.000000e+00  2.000000e+02
G3     4.000000e+02  0.000000e+00  0.000000e+00  4.000000e+02
G4     1.900000e+02  0.000000e+00  1.000000e+01  2.000000e+02
G5     1.000000e+02  0.000000e+00  0.000000e+00  1.000000e+02
G6     3.600000e+02  0.000000e+00  9.000000e+01  4.500000e+02
G7     2.500000e+02  0.000000e+00  0.000000e+00  2.500000e+02
G8     2.500000e+02  0.000000e+00  0.000000e+00  2.500000e+02
G9     1.000000e+02  0.000000e+00  0.000000e+00  1.000000e+02
G10    1.900000e+02  3.000000e+01  0.000000e+00  1.600000e+02
G11    1.000000e+02  2.000000e+01  0.000000e+00  8.000000e+01
G12    3.600000e+02  0.000000e+00  0.000000e+00  3.600000e+02
G13    2.500000e+02  5.000000e+01  0.000000e+00  2.000000e+02
G14    3.360000e+03  1.150000e+02  0.000000e+00  3.245000e+03
G15    0.000000e+00  0.000000e+00  0.000000e+00  0.000000e+00
G16    1.500000e-01  1.500000e-01  0.000000e+00  0.000000e+00
G17    3.360000e+03  4.100000e+02  0.000000e+00  2.950000e+03
```

```
Achievement function
                A
P1      0.000000e+00
P2      0.000000e+00
P3      0.000000e+00
P4      0.000000e+00
P5      1.150000e+02
P6      0.000000e+00
P7      1.500000e-01
P8      4.100000e+02
```

从结果可知，soln$converged 显示为 TRUE，目标规划有最优解，求得$x_1=0$、$x_2=100$、$x_3=200$、$x_4=0$、$x_5=90$、$x_6=0$、$x_7=110$、$x_8=0$、$x_9=100$、$x_{10}=0$、$x_{11}=50$、$x_{12}=250$，得到总运费为 3360 元。

[例 7.9]　某农场有 3 万亩农田，欲种植玉米、大豆和小麦 3 种农作物。各种作物每亩需施化肥分别为 12kg、20kg 和 15kg。预计秋后每亩玉米可收获 500kg，售价 1.60 元/kg；大豆每亩可收获 200kg，售价 3.50 元/kg；小麦每亩可收获 350kg，售价 2.50 元/kg。农场年初规划时考虑如下几个方面：

P_1——年终收益不低于 2900 万元；

P_2——总产量不低于 1.25 万 t；

P_3——小麦产量以 0.5 万 t 为宜；

P_4——大豆产量不少于 0.2 万 t；

P_5——玉米产量不超过 0.6 万 t；

P_6——农场现能提供 500t 化肥；若不够，可在市场高价购买，但希望采购越少越好。

试将该农场生产计划建立目标规划数学模型。

设种植玉米、大豆、小麦的亩数分别为 x_1、x_2、x_3。目标规划模型为：

$$\begin{cases} x_1+x_2+x_3\leqslant 30000 \\ 800x_1+700x_2+875x_3+d_1^- -d_1^+ =2900000 \\ 500x_1+200x_2+350x_3+d_2^- -d_2^+ =1250000 \\ 350x_3+d_3^- -d_3^+ =5000000 \\ 200x_2+d_4^- -d_4^+ =2000000 \\ 500x_1+d_5^- -d_5^+ =6000000 \\ 12x_1+20x_2+15x_3+d_6^- -d_6^+ =500000 \\ x_1\geqslant 0,x_2\geqslant 0,x_3\geqslant 0,d_i^+\geqslant 0,d_i^-\geqslant 0(i=1,2,\cdots,6) \end{cases}$$

使目标函数 Z 取最小值：

$$\min Z = P_1 d_1^- + P_2 d_2^- + P_3 (d_3^- + d_3^+) + P_4 d_4^- + P_5 d_5^+ + P_6 d_6^+$$

```
#约束变量(不包括偏差变量)的系数矩阵
>coefficients<-matrix(c(1,800,500,0,0,500,12,1,700,200,0,200,0,20,1,875,
350,350,0,0,15),7)
#系数矩阵对应的约束向量
>targets<-c(30000,2900000,12500000,5000000,2000000,6000000,500000)
#关于目标函数(默认求最小值)的数据框,是由4个向量构成:objective、priority、p和n
#其中数据框的每一行对应一个软约束条件:objective和priority为正整数,分别表示针对第几对偏差变量(第n对偏差变量必须出现在第n个目标约束中)和该偏差变量的优先级别,p和n分别表示d+(正偏差变量)、d-(负偏差变量)的权系数
>achievements<-data.frame(objective=1:7,priority=c(1,2,3,4,5,6,7),p=c(1,
0,0,1,0,1,1),n=c(0,1,1,1,1,0,0))
>soln<-llgp(coefficients,targets,achievements)
>soln$converged
[1] TRUE
>soln$out

Decision variables
             X
X1   1.452381e+04
X2   1.190476e+03
X3   1.428571e+04

Summary of objectives
        Objective         Over          Under          Target
G1   3.000000e+04  0.000000e+00  0.000000e+00  3.000000e+04
G2   2.495238e+07  2.205238e+07  0.000000e+00  2.900000e+06
G3   1.250000e+07  0.000000e+00  0.000000e+00  1.250000e+07
G4   5.000000e+06  0.000000e+00  0.000000e+00  5.000000e+06
G5   2.380952e+05  0.000000e+00  1.761905e+06  2.000000e+06
G6   7.261905e+06  1.261905e+06  0.000000e+00  6.000000e+06
G7   4.123810e+05  0.000000e+00  8.761905e+04  5.000000e+05

Achievement function
             A
P1   0.000000e+00
```

```
P2   0.000000e+00
P3   0.000000e+00
P4   0.000000e+00
P5   1.761905e+06
P6   1.261905e+06
P7   0.000000e+00
```

从结果可知，soln $ converged 显示为 TRUE，目标规划有最优解，求得 $x_1=14524$、$x_2=1190$、$x_3=14286$。

[**例7.10**]　某公司准备投产3种新产品，现在的重点是制订3种新产品的生产计划，但最好能完成管理层的3个目标。

目标1：获得较高的利润，希望总利润不低于125万元。据估算，产品1的单位利润为12元，产品2的单位利润为9元，产品3的单位利润为15元。

目标2：保持现有的40名工人。据推算，每生产10000件产品1，需要5名工人；每生产10000件产品2，需要3名工人；每生产10000件产品3，需要4名工人。

目标3：投资资金限制，希望总投资额不超过55万元。据测算，生产1件产品1，需要投入5元；生产1件产品2，需要投入7元；生产1件产品3，需要投入8元。

但是，公司管理层意识到要同时实现3个目标是不太现实的，因此，他们对3个目标的相对重要性作出评价。其重要性顺序为：目标1、目标2的前半部分（避免工人下岗）、目标3、目标2的后半部分（避免增加工人）。并对每一个目标都分配了表示偏离目标严重性的罚数权重，如表7-12所示。

表7-12　偏离目标的罚数权重

目标	因素	偏离目标的罚数权重
1	总利润	5(低于目标的每1万元)
2	工人	4(低于目标的每1个人)
		3(超过目标的每1个人)
3	投资资金	2(超过目标的每1万元)

设 x_1、x_2、x_3 为产品1、2、3的产量（万件）；偏离变量 d_k^+、d_k^- 为偏离目标 k 的正、负偏差（$k=1,2,3$）。目标规划模型为：

$$\begin{cases}12x_1+9x_2+15x_3+d_1^- -d_1^+=125\\5x_1+3x_2+4x_3+d_2^- -d_2^+=40\\5x_1+7x_2+8x_3+d_3^- -d_3^+=55\\x_1\geqslant 0,x_2\geqslant 0,x_3\geqslant 0,d_i^+\geqslant 0,d_i^-\geqslant 0(i=1,2,3)\end{cases}$$

使目标函数 Z 取最小值：

$$\min Z=P_1d_1^-+P_2d_2^-+P_3(d_3^-+d_3^+)+P_4d_4^-+P_5d_5^++P_6d_6^+$$

```
#约束变量(不包括偏差变量)的系数矩阵
>coefficients<-matrix(c(12,5,5,9,3,7,15,4,8),3)
#系数矩阵对应的约束向量
>targets<-c(125,40,55)
#关于目标函数(默认求最小值)的数据框,是由4个向量构成:objective、priority、p和n
#其中数据框的每一行对应一个软约束条件:objective和priority为正整数,分别表示针对第几对偏差变量(第n对偏差变量必须出现在第n个目标约束中)和该偏差变量的优先级别,p和n分别表示d+(正偏差变量)、d-(负偏差变量)的权系数
>achievements<-data.frame(objective=1:3,priority=c(1,2,3),p=c(0,3,2),n=c(5,4,0))
>soln<-llgp(coefficients,targets,achievements)
>soln$converged
[1] TRUE
>soln$out
Decision variables
              X
X1  3.703704e+00
X2  0.000000e+00
X3  5.370370e+00
Summary of objectives
       Objective          Over         Under        Target
G1  1.250000e+02  0.000000e+00  0.000000e+00  1.250000e+02
G2  4.000000e+01  0.000000e+00  0.000000e+00  4.000000e+01
G3  6.148148e+01  6.481481e+00  0.000000e+00  5.500000e+01
Achievement function
              A
P1  0.000000e+00
P2  0.000000e+00
P3  1.296296e+01
```

从结果可知，soln $ converged 显示为 TRUE，目标规划有最优解，求得 $x_1=3.70$、$x_2=0$、$x_3=5.37$。

7.3　整数规划

整数规划是线性规划中的一个特例，它要求决策变量取整数值。其中要求所有决策变量都是整数的，叫作纯整数规划；要求一部分变量为整数，叫作混合整数规划；要求变量只取 0 或 1，叫作 0-1 规划。

R 中可以通过调节函数 Rglpk_solve_LP() 中的参数 type 来达到整数规划求解的目的(表 7-1)，type 类型可分为 3 类，分别是：'B'指的是 0-1 规划，'C'代表连续，'I'代表整数，一般默认是'C'。

下面我们来看具体案例。

[例 7.11]　某厂用集装箱托运甲、乙两种货物，每箱的体积、重量、可获利润以及托运货物限制量如表 7-13 所示(何建坤等，1985)。

表 7-13　运货限制量与利润

项目	体积/(m^3/箱)	重量/(50kg/箱)	利润/(100 元/箱)	托运箱数
甲货物	5	2	20	x_1
乙货物	4	5	10	x_2
托运限制	24	13		

因为集装箱只能整箱托运，因此这是一个整数规划问题。

设 x_1、x_2 分别代表 2 种货物的托运箱数。根据表 7-13 以及最大限制量，这个整数规划的数学模型为：求变量 x_1、x_2，满足约束条件：

$$\begin{cases} 5x_1+4x_2\leqslant 24 \\ 2x_1+5x_2\leqslant 13 \\ x_1\geqslant 0, x_2\geqslant 0, x_1, x_2 \text{ 为整数} \end{cases}$$

并使目标函数(利润)取最大值：

$$\max\ f=20x_1+10x_2$$

```
#加载线性规划求解包
>install.packages("Rglpk")
>library(Rglpk)
#规划目标系数
>obj<-c(20,10)
#约束向量矩阵
```

```
>mat <- matrix(c(5,2,4,5), 2)
# 约束方向向量,由'>='、'<='、'=='构成
>dir<-c("<=","<=")
># 约束值
>rhs<-c(24,13)
# 目标函数最大值为 TRUE,最小值为 FALSE
>max<-TRUE
# 限定目标变量的类型,'B'指的是 0-1 规划,'C'代表连续实数,"I"表示整数规划
>types <- c("I","I")
# 求解
>Rglpk_solve_LP(obj, mat, dir, rhs,types = types,max = max)
$optimum
[1] 90

$solution
[1] 4 1
```

从结果可知,求得 $x_1=4$、$x_2=1$,目标最大值为 90,求得的决策变量均为整数。

[例 7.12] 求变量 x_1、x_2,满足约束条件:

$$\begin{cases} 9x_1+7x_2\leqslant 56 \\ 7x_1+20x_2\leqslant 70 \\ x_1\geqslant 0, x_2\geqslant 0, x_1, x_2 \text{ 为整数} \end{cases}$$

并使目标函数(利润)取最大值:

$$\max\ f=40x_1+90x_2$$

```
# 规划目标系数
>obj<-c(40,90)
# 约束向量矩阵
>mat <- matrix(c(9,7,7,20), 2)
# 约束方向向量,由'>='、'<='、'=='构成
>dir<-c("<=","<=")
# 约束值
>rhs<-c(56,70)
# 目标函数最大值为 TRUE,最小值为 FALSE
>max<-TRUE
# 限定目标变量的类型,'B'指的是 0-1 规划,'C'代表连续实数,"I"表示整数规划
```

```
>types <- c("I","I")
#求解
>Rglpk_solve_LP(obj, mat, dir, rhs,types = types,max = max)
$optimum
[1] 340

$solution
[1] 4 2
```

从结果可知，求得 $x_1=4$、$x_2=2$，目标最大值为 340，求得的决策变量均为整数。

[例 7.13]　求变量 x_1、x_2、x_3，满足约束条件：

$$\begin{cases} x_1+2x_2+3x_3\geqslant 8 \\ 3x_1+x_2+x_3\geqslant 5 \\ x_j\geqslant 0,\text{且为整数}\ (j=1,2,3) \end{cases}$$

并使目标函数取最小值：

$$\min f=7x_1+3x_2+4x_3$$

```
#规划目标系数
>obj<-c(7,3,4)
#约束向量矩阵
>mat <- matrix(c(1,3,2,1,3,1), 2)
#约束方向向量，由'>='、'<='、'=='构成
>dir<-c(">=",">=")
#约束值
>rhs<-c(8,5)
#目标函数最大值为 TRUE，最小值为 FALSE
>max<-FALSE
#限定目标变量的类型，'B'指的是 0-1 规划，'C'代表连续实数，"I"表示整数规划
>types <- c("I","I","I")
#求解
>Rglpk_solve_LP(obj, mat, dir, rhs,types = types,max = max)
$optimum
[1] 15

$solution
[1] 0 5 0
```

从结果可知，求得 $x_1=0$、$x_2=5$、$x_3=0$，目标最小值为 15，求得的决策变量均为整数。

[例 7.14] 某厂生产甲、乙、丙 3 种产品，需要使用Ⅰ、Ⅱ、Ⅲ 3 种原料。生产每种产品的原料消耗、利润以及原料供应如表 7-14 所示。

表 7-14 建模基本数据

项目	产品			资源限制
	甲(x_1)	乙(x_2)	丙(x_3)	
原料Ⅰ消耗	10	20	20	50
原料Ⅱ消耗	20	10	10	80
原料Ⅲ消耗	30	20	10	120
利润	150	140	120	

问该厂在计划期内各种产品应生产多少，才能获得最大利润？

```
#规划目标系数
>obj<-c(150,140,120)
#约束向量矩阵
>mat <- matrix(c(10,20,30,20,10,20,20,10,10), 3)
#约束方向向量，由'>='、'<='、'=='构成
>dir<-c("<=","<=","<=")
#约束值
>rhs<-c(50,80,120)
#目标函数最大值为 TRUE，最小值为 FALSE
>max<-TRUE
#限定目标变量的类型，'B'指的是 0-1 规划，'C'代表连续实数，"I"表示整数规划
>types <- c("I","I","I")
#求解
>Rglpk_solve_LP(obj, mat, dir, rhs,types = types,max = max)
$optimum
[1] 600

$solution
[1] 4 0 0
```

从结果可知，求得 $x_1=4$、$x_2=0$、$x_3=0$，目标最大值为 600，求得的决策变量均为整数。

[例 7.15]　求变量 x_1、x_2、x_3，满足约束条件：

$$\begin{cases} x_1+2x_2-x_3 \leqslant 2 \\ x_1+4x_2+x_3 \leqslant 4 \\ x_1+x_2 \leqslant 3 \\ 4x_2+x_3 \leqslant 6 \\ x_j=0 \text{ 或 } 1(j=1,2,3) \end{cases}$$

并使目标函数取最大值：

$$\max f=3x_1-2x_2+5x_3$$

```
#规划目标系数
>obj<-c(3,-2,5)
#约束向量矩阵
>mat<- matrix(c(1,1,1,0,2,4,1,4,-1,1,0,1), 4)
#约束方向向量,由'>=''<=''=='构成
>dir<-c("<=","<=","<=","<=")
#约束值
>rhs<-c(2,4,3,6)
#目标函数最大值为 TRUE,最小值为 FALSE
>max<-TRUE
#限定目标变量的类型,'B'指的是 0-1 规划,'C'代表连续实数,"I"表示整数规划
>types<- c("B","B","B")
#求解
>Rglpk_solve_LP(obj, mat, dir, rhs,types = types,max = max)
$optimum
[1] 8

$solution
[1] 1 0 1
```

从结果可知，求得 $x_1=1$、$x_2=0$、$x_3=1$，目标最大值为 8，求得的决策变量为 0 或 1。

第 8 章　评价和决策模型与应用

8.1　系统聚类分析

系统聚类法，又称层次聚类法，先计算样本之间的距离，每次将距离最近的点合并到同一个类；然后，再计算类与类之间的距离，将距离最近的类合并为一个大类；不停地合并，直到合成了一个类。其中类与类的距离的计算方法有：最短距离法、最长距离法、中间距离法、类平均法等。比如最短距离法，将类与类的距离定义为类与类之间样本的最短距离。

R 语言中使用函数 hclust()来进行层次聚类，其标准格式为：

```
hclust (d, method = "complete", members = NULL)
```

其中 d 为距离矩阵；method 表示类的合并方法（如表 8-1 所示）。

表 8-1　类的合并方法

参数	方法
single	最短距离法
complete	最长距离法
median	中间距离法
mcquitty	相似法
average	类平均法
centroid	重心法
ward	离差平方和法

下面我们来看具体案例。

[例 8.1]　系统聚类分析在农村居民消费结构分析中的应用。在参考有关研究的基础上，选取 8 项指标作为对农村居民消费结构分析进行聚类分析的基础指标，如表 8-2 所示，其中 x_1 为食品支出所占比重，x_2 为衣着支出所占比重，x_3 为居住支出所占比重，x_4 为家庭设备用品及其服务支出所占比重，x_5 为医疗保健支出所占比重，x_6 为交通通信支出所占比重，x_7 为文教娱乐支出所占比重，x_8 为其他商品和服务支出所占比重(付德印，张旭东，2007)。

表 8-2　中国 30 个省(自治区、直辖市)农村居民消费结构情况　%

序号	省(自治区、直辖市)	x_1	x_2	x_3	x_4	x_5	x_6	x_7	x_8
1	北京	32.38	6.69	16.16	4.92	10.99	11.09	16.11	1.65
2	天津	38.52	6.86	19.23	4.11	6.7	8.72	14.26	1.6
3	河北	42.51	6.92	18.58	4.38	6.32	9.62	9.95	1.71
4	山西	45.76	10.49	10.95	3.62	5.15	7.94	14.36	1.72
5	内蒙古	42.69	6.41	12.79	3.36	7.42	11.62	14.02	1.69
6	辽宁	46.41	7.48	13.99	3.5	7	9.01	10.51	2.09
7	吉林	45.61	6.77	11	3.15	8.18	10.91	12.04	2.35
8	黑龙江	40.85	6.74	21.16	2.71	7.13	9.57	10.26	1.57
9	上海	34.62	4.42	22.85	5.44	6.71	11.38	12.73	1.85
10	江苏	44.04	5.46	15.63	4.73	5.45	9.79	12.48	2.42
11	浙江	39.46	5.55	17.15	5.2	7	10.66	12.83	2.15
12	安徽	47.49	4.79	16.53	4.19	5.07	9.04	11.02	1.87
13	福建	46.71	5.29	14.26	5.12	4.52	10.15	10.38	3.56
14	江西	53.69	5.12	11.2	3.19	5.26	8.2	11.32	2.01
15	山东	41.86	5.83	15.32	4.61	6.52	9.29	12.48	4.1
16	河南	48.57	6.49	16.15	3.83	5.72	7.28	10.1	1.86
17	湖北	51.53	4.48	13.12	3.6	5.3	7.79	11.76	2.43
18	湖南	54.15	4.55	11.86	3.74	5.02	7.06	11.32	2.31
19	广东	48.81	3.6	15.27	4.05	4.73	10.81	9.7	3.04
20	广西	54.32	3.34	16.15	3.36	4.34	7.27	9.27	1.95
21	海南	58.89	3.38	7.68	4.76	4.96	7.66	9.42	3.24
22	重庆	56.04	4.27	10.84	4.03	6.22	6.46	10.72	1.42
23	四川	55.72	4.61	11.62	3.93	5.82	6.33	10.4	1.56
24	贵州	58.19	4.29	12.8	3.2	3.64	5.43	10.82	1.63

续表 8-2

序号	省(自治区、直辖市)	x_1	x_2	x_3	x_4	x_5	x_6	x_7	x_8
25	云南	54	3.94	15.23	3.93	5.58	6.72	9.12	1.49
26	陕西	42.42	5.67	14.67	4.05	7.3	7.79	16	2.1
27	甘肃	48.04	5.62	12.28	4.02	5.83	8.89	13.84	1.48
28	青海	48.52	7.27	13.91	3.91	7.55	10.52	6.45	1.88
29	宁夏	41.96	6.36	16.88	3.39	9.7	8.06	11.27	2.39
30	新疆	45.18	8.22	18.04	3.32	8.4	7.79	7.51	1.55

```
#聚类分析——层次聚类分析
#输入数据,导入EXCEL数据
>install.packages("xlsx")
>library(xlsx)
>workbook<-"F:/Book1.xlsx"
>data<-read.xlsx(workbook,1)
```

结果如图 8-1 所示：

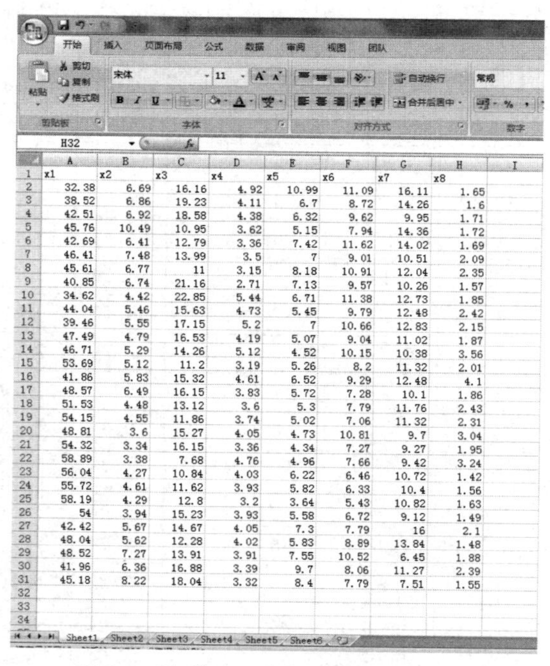

	A	B	C	D	E	F	G	H
1	x1	x2	x3	x4	x5	x6	x7	x8
2	32.38	6.69	16.16	4.92	10.99	11.09	16.11	1.65
3	38.52	6.86	19.23	4.11	6.7	8.72	14.26	1.6
4	42.51	6.92	18.58	4.38	6.32	9.62	9.95	1.71
5	45.76	10.49	10.95	3.62	5.15	7.94	14.36	1.72
6	42.69	6.41	12.79	3.36	7.42	11.62	14.02	1.69
7	46.41	7.48	13.99	3.5	7	9.01	10.51	2.09
8	45.61	6.77	11	3.15	8.18	10.91	12.04	2.35
9	40.85	6.74	21.16	2.71	7.13	9.57	10.26	1.57
10	34.62	4.42	22.85	5.44	6.71	11.38	12.73	1.85
11	44.04	5.46	15.63	4.73	5.45	9.79	12.48	2.42
12	39.46	5.55	17.15	5.2	7	10.66	12.83	2.15
13	47.49	4.79	16.53	4.19	5.07	9.04	11.02	1.87
14	46.71	5.29	14.26	5.12	4.52	10.15	10.38	3.56
15	53.69	5.12	11.2	3.19	5.26	8.2	11.32	2.01
16	41.86	5.83	15.32	4.61	6.52	9.29	12.48	4.1
17	48.57	6.49	16.15	3.83	5.72	7.28	10.1	1.86
18	51.53	4.48	13.12	3.6	5.3	7.79	11.76	2.43
19	54.15	4.55	11.86	3.74	5.02	7.06	11.32	2.31
20	48.81	3.6	15.27	4.05	4.73	10.81	9.7	3.04
21	54.32	3.34	16.15	3.36	4.34	7.27	9.27	1.95
22	58.89	3.38	7.68	4.76	4.96	7.66	9.42	3.24
23	56.04	4.27	10.84	4.03	6.22	6.46	10.72	1.42
24	55.72	4.61	11.62	3.93	5.82	6.33	10.4	1.56
25	58.19	4.29	12.8	3.2	3.64	5.43	10.82	1.63
26	54	3.94	15.23	3.93	5.58	6.72	9.12	1.49
27	42.42	5.67	14.67	4.05	7.3	7.79	16	2.1
28	48.04	5.62	12.28	4.02	5.83	8.89	13.84	1.48
29	48.52	7.27	13.91	3.91	7.55	10.52	6.45	1.88
30	41.96	6.36	16.88	3.39	9.7	8.06	11.27	2.39
31	45.18	8.22	18.04	3.32	8.4	7.79	7.51	1.55

图 8-1　农村居民消费结构情况的数据

```
#对数据进行标准差标准化变换
>data.scale<-scale(data)
#求数据间欧氏距离
>d<-dist(data.scale)
#利用 hclust 函数进行聚类分析,分类方法为最长距离法
>fit.complete<-hclust(d,method = "complete")
#绘制分析结果图
>plot(fit.complete,hang = - 1,cex = .8,ann = FALSE)
>title(sub = "中国 30 个省(自治区、直辖市)农村居民消费结构系统聚类谱系",xlab
= "地区序号",ylab = "聚类指标结果")
```

结果如图 8-2 所示：

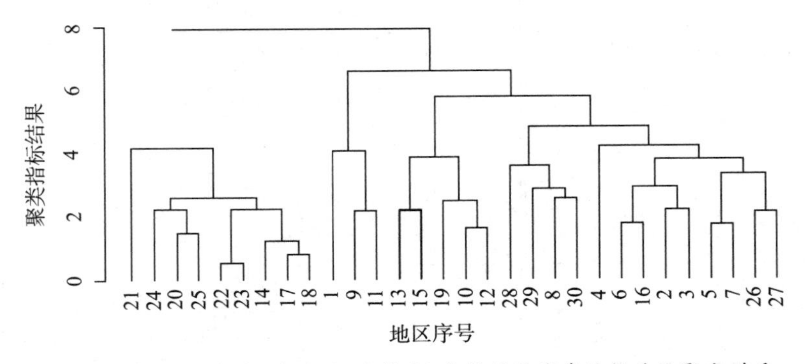

图 8-2　中国 30 个省(自治区、直辖市)农村居民消费结构系统聚类谱系

8.2　判别分析

R 中提供了判别分析包 WMDB,其核心函数是 wmd()。

下面我们看具体案例应用。

[例 8.2]　设有两个不同品种小麦植株的总体 G_1 和 G_2,对这两个总体分布观测了以下变量值:X_1 为株高(cm);X_2 为有效分蘖数;X_3 为穗长(cm);X_4 为有效小穗数;X_5 为穗粒数;X_6 为穗粒重(g)。并假设两总体有不同的未知均值 μ_1 和 μ_2 及相同的未知协方差矩阵 Σ($\Sigma_1=\Sigma_2=\Sigma$),两总体的样本数据如表 8-3 所示,试进行判别分析(裴鑫德,1991)。

表 8-3　不同品种小麦生长数据

序号	总体											
	G_1						G_2					
	X_1	X_2	X_3	X_4	X_5	X_6	X_1	X_2	X_3	X_4	X_5	X_6
1	77.6	136	9.65	12.6	322	14.7	65.6	166	9.29	11.3	323	13.1
2	83.5	177	9.76	13.1	321	14.5	67.1	132	9.52	11.7	319	13.6
3	76.2	164	10.5	13.9	384	17.1	66.3	173	9.88	12.1	318	13.6
4	80.3	185	9.76	12.5	259	15.4	80.5	155	11.2	13.8	394	17.6
5	82.3	187	9.77	13.4	314	14.4	78.3	202	10.8	13.3	376	16.7
6	86	171	9.25	13	278	13	77.8	155	10.9	14	401	18.2
7	90.5	211	9.75	12.9	308	13.6	79.2	161	10.7	14.3	417	17.8
8	81.5	158	10.4	13.6	258	14.8	82.7	158	10.6	12.2	382	17.4
9	79.8	176	9.31	12	307	13.2	79.9	156	10.8	13.7	366	16.1
10	86.9	175	10.2	14.2	330	14.6	67.3	157	9.78	11.8	354	14
11	72.9	139	10.3	12.9	346	15.5	70.7	173	9.97	12.2	310	12.5
12	73.5	124	9.68	12	308	14.1	67.2	159	9.99	12.3	325	11.9
13	86.9	149	10.3	13.5	337	15.1	80.9	160	10.5	12.7	358	15.5
14	89.2	224	9.7	13	317	14.7	81.8	162	10.9	13.9	403	18.3
15	78.1	149	9.63	12.6	285	12.4	81.2	178	11.1	13.8	401	16.2
16	82	200	9.28	12.8	272	12.5	83	177	11	13.5	366	16.6
17	81.7	187	9.46	12.6	276	12.3	81.2	172	11.1	14.1	412	19.3
18	89.7	200	9.58	11.1	285	12.5	83.9	192	11.2	14.1	372	17.2
19	79.9	152	9.49	13.2	275	11.7	67.6	164	10.1	11.9	305	11.8
20	71.2	144	9.55	12	292	11.9	64.4	170	9.34	11	303	11.6
21	83.1	147	10.3	13.3	326	14.2	66.4	158	9.71	11.9	326	12.9
22	87.3	231	10.3	13.1	332	14.7	79.1	162	10.5	12.9	395	17
23	78.7	183	9.9	14.1	324	14.6	81.7	171	11.3	14.1	403	17.2
24	80	165	9.34	12.5	290	12.1	79.4	162	10.4	12.6	390	15.9
25	86.7	198	10.1	12.7	293	12.3	78.9	166	11.1	14	432	18.4

续表 8-3

序号	总体											
	G_1						G_2					
	X_1	X_2	X_3	X_4	X_5	X_6	X_1	X_2	X_3	X_4	X_5	X_6
26	92.1	212	9.81	13.1	304	13.9	80.5	172	11.3	14.3	306	18.7
27	76.8	193	9.8	13.1	288	13.4	83.8	202	10.4	13.4	343	13.8

```
#判别分析
#载入判别分析包
>install.packages("WMDB")
>library(WMDB)
#载入数据,已提前对数据进行了正确分类,G1 为 1,G2 为 2
>workbook<-"F:/Book1.xlsx"
>data<-read.xlsx(workbook,2)
#提取训练样本的已知类别
>data_group<-data$A
#转换为因子变量,用于 wmd
>data_group<-as.factor(data_group)
>wmd(data[2:7],data_group)
      1 2 3 4 5 6 7 8 9 10 11 12 13 14 15 16 17 18 19 20 21 22 23 24 25 26 27 28 29 30 31
32 33 34
blong 1 1 2 1 1 1 1 1 1 1 2 1 1 1 1 1 1 1 1 1 1 1 1 1 1 1 1 1 2 2 2 2 2
      35 36 37 38 39 40 41 42 43 44 45 46 47 48 49 50 51 52 53 54
blong  2  2  1  2  2  2  2  2  2  2  2  2  1  2  2  2  2  2  2  1
[1] "num of wrong judgement"
[1] 3 11 28 29 37 47 54
[1] "samples divided to"
[1] 2 2 1 1 1 1 1
[1] "samples actually belongs to"
[1] 1 1 2 2 2 2 2
Levels: 1 2
[1] "percent of right judgement"
[1] 0.8703704
```

结果如图 8-3 所示：

	A	B	C	D	E	F	G	H
1	A	x1	x2	x3	x4	x5	x6	
2	1	77.6	136	9.65	12.6	322	14.7	
3	1	83.45	177	9.76	13.1	321	14.5	
4	1	76.2	164	10.52	13.9	384	17.1	
5	1	80.3	185	9.76	12.5	259	15.4	
6	1	82.3	187	9.77	13.4	314	14.4	
7	1	86	171	9.25	13	278	13	
8	1	90.5	211	9.75	12.9	308	13.6	
9	1	81.5	158	10.38	13.6	258	14.8	
10	1	79.75	176	9.31	12	307	13.2	
11	1	86.85	175	10.23	14.2	330	14.6	
12	1	72.9	139	10.29	12.9	346	15.5	
13	1	73.5	124	9.68	12	308	14.1	
14	1	86.85	149	10.33	13.5	337	15.1	
15	1	89.15	224	9.7	13	317	14.7	
16	1	78.05	149	9.63	12.6	285	12.4	
17	1	81.95	200	9.28	12.8	272	12.5	
18	1	81.7	187	9.46	12.6	276	12.3	
19	1	89.65	200	9.58	11.1	285	12.5	
20	1	79.9	152	9.49	13.2	275	11.7	
21	1	71.15	144	9.55	12	292	11.9	
22	1	83.05	147	10.3	13.3	326	14.2	
23	1	87.25	231	10.32	13.1	332	14.7	
24	1	78.65	183	9.9	14.1	324	14.6	
25	1	79.95	165	9.34	12.5	290	12.1	
26	1	86.65	198	10.07	12.7	293	12.3	
27	1	92.05	212	9.81	13.1	304	13.9	
28	1	76.8	193	9.8	13.1	288	13.4	
29	2	65.55	166	9.29	11.3	323	13.1	
30	2	67.1	132	9.52	11.7	319	13.6	
31	2	66.25	173	9.88	12.1	318	13.6	
32	2	80.45	155	11.19	13.8	394	17.6	
33	2	78.3	202	10.78	13.3	376	16.7	
34	2	77.8	155	10.86	14	401	18.2	

图 8-3　不同品种小麦生长数据

从结果可知，其判别准确率在87%左右。

8.3　贝叶斯判别

[**例 8.3**]　某气象站预报其他地区有无春旱的观测资料中，X_1 与 X_2 是与气象有关的2个综合预报因子。数据包括发生春旱的6个年份的 X_1、X_2 的观测值和无春旱的8个年份的相应的预测值。观测数据如表8-4所示。假定两总体均服从正态分布且协方差矩阵 $\Sigma_1 \neq \Sigma_2$，误判损失相同，先验概率按比例分配，即：

$$p_1=\frac{6}{14}=0.4286,\quad p_2=\frac{8}{14}=0.5717$$

进行两总体的贝叶斯判别（梅长林，范金成，2006）。

表 8-4　某地区气象综合因子观测数据

序号	G_1:春旱		序号	G_2:无春旱	
	X_1	X_2		X_1	X_2
1	24.8	−2.0	7	22.1	−0.7
2	24.1	−2.4	8	21.6	−1.4
3	26.6	−3.0	9	22.0	−0.8
4	23.5	−1.9	10	22.8	−1.6
5	25.5	−2.1	11	22.7	−1.5
6	17.4	−3.1	12	21.5	−1.0
			13	22.1	−1.2
			14	21.4	−1.3

```
>#贝叶斯判别
>#载入数据
>workbook<-"F:/Book1.xlsx"
>data<-read.xlsx(workbook,3)
#类别 1
>data1<-data[1:6,2:3]
#类别 2
>data2<-data[7:14,2:3]
#获得贝叶斯判别函数
>source("F:/R/bayes.R")
#协方差相同时的判别
>bayes(data1, data2, rate = 8/6,var.equal = TRUE)
      1 2 3 4 5 6 7 8 9 10 11 12 13 14
blong 1 1 1 1 1 1 2 2 2  2  2  2  2  2
#协方差不同时的判别
>bayes(data1, data2, rate = 8/6)
      1 2 3 4 5 6 7 8 9 10 11 12 13 14
blong 1 1 1 1 1 1 2 2 2  2  2  2  2  2
```

结果如图 8-4 所示：

	A	B	C	D	E
1	A	x1	x2		
2	1	24.8	-2		
3	1	24.1	-2.4		
4	1	26.6	-3		
5	1	23.5	-1.9		
6	1	25.5	-2.1		
7	1	17.4	-3.1		
8	2	22.1	-0.7		
9	2	21.6	-1.4		
10	2	22	-0.8		
11	2	22.8	-1.6		
12	2	22.7	-1.5		
13	2	21.5	-1		
14	2	22.1	-1.2		
15	2	21.4	-1.3		
16					
17					
18					

图 8-4　某地区气象综合因子观测数据的 excel 展示

附：贝叶斯判别函数程序 bayes. R

```
#两个总体判别的贝叶斯判别程序
#输入：TrnX1、TrnX2 表示 X1 类、X2 类训练样本，样本输入格式为数据框
#rate = p2/p1 缺省时为 1
#Tst 为待测样本，其输入格式是数据框，为两个训练样本之和
#var.equal 是逻辑变量，当其值为 TRUE 时，表示认为两个总体的协方差相同，否则不同
#输出：函数输出时，1 和 2 构成的一维矩阵 1 表示待测样本属于 X1 类
bayes <- function
(TrnX1, TrnX2, rate = 1, TstX = NULL, var.equal = FALSE){
  if (is.null(TstX) == TRUE) TstX<-rbind(TrnX1,TrnX2)
  if (is.vector(TstX) == TRUE) TstX <- t(as.matrix(TstX))
  else if (is.matrix(TstX) != TRUE)
   TstX <- as.matrix(TstX)
  if (is.matrix(TrnX1) != TRUE) TrnX1 <- as.matrix(TrnX1)
  if (is.matrix(TrnX2) != TRUE) TrnX2 <- as.matrix(TrnX2)
  nx <- nrow(TstX)
```

```
    blong <- matrix(rep(0, nx), nrow = 1, byrow = TRUE,
                    dimnames = list("blong", 1:nx))
    mu1 <- colMeans(TrnX1); mu2 <- colMeans(TrnX2)
    if (var.equal  ==  TRUE || var.equal  ==  T){
     S <- var(rbind(TrnX1,TrnX2)); beta <- 2 * log(rate)
     w <- mahalanobis(TstX, mu2, S)
     - mahalanobis(TstX, mu1, S)
    }
    else{
     S1 <- var(TrnX1); S2 <- var(TrnX2)
     beta <- 2 * log(rate)  +  log(det(S1)/det(S2))
     w <- mahalanobis(TstX, mu2, S2)
     - mahalanobis(TstX, mu1, S1)
    }
    for (i in 1:nx){
     if (w[i] > beta)
       blong[i] <- 1
     else
       blong[i] <- 2
    }
    blong
}
```

8.4　层次分析方法

[例 8.4]　以选择旅游目的地为例，假如有 P_1、P_2、P_3 3 个旅游胜地供你选择，通常人们会根据诸如景色、费用、居住、饮食、旅途条件等一些准则去反复比较那 3 个候选地点。首先，人们会确定这些准则在其心目中各占多大比重；其次，人们会就每一个准则将 3 个地点进行对比；最后，要将这 2 个层次的比较判断进行综合，在 P_1、P_2、P_3 中确定哪个作为最佳地点(姜启源等，1993)。

首先，将该决策问题分解为 3 个层次：最上层为目标层，即选择旅游地；最下层为方案层，有 P_1、P_2、P_3 3 个供选择地点；中间层为准则层，有景色、费用、居住、饮食、旅途 5 个准则。层次结构如图 8-5 所示。

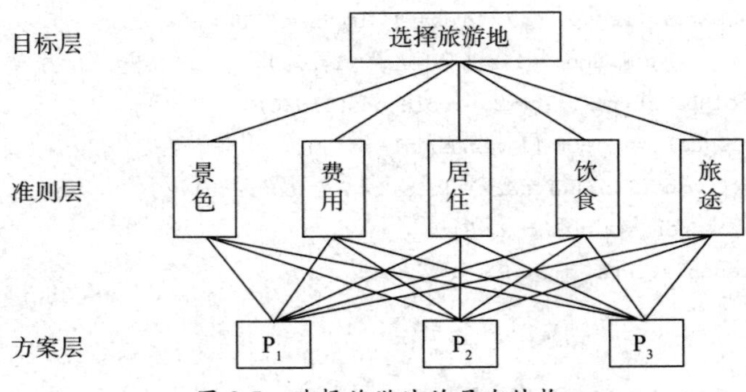

图 8-5 选择旅游地的层次结构

然后，对准则层进行比较，得到成对比矩阵为：

$$A=\begin{bmatrix} 1 & 1/2 & 4 & 3 & 3 \\ 2 & 1 & 7 & 5 & 5 \\ 1/4 & 1/7 & 1 & 1/2 & 1/3 \\ 1/3 & 1/5 & 2 & 1 & 1 \\ 1/3 & 1/5 & 3 & 1 & 1 \end{bmatrix}$$

用同样的方法构造方案层对准则层的成对比较阵。

$$B_1=\begin{bmatrix} 1 & 2 & 5 \\ 1/2 & 1 & 2 \\ 1/5 & 1/2 & 1 \end{bmatrix}$$

$$B_2=\begin{bmatrix} 1 & 1/3 & 1/8 \\ 3 & 1 & 1/3 \\ 8 & 3 & 1 \end{bmatrix}$$

$$B_3=\begin{bmatrix} 1 & 1 & 3 \\ 1 & 1 & 3 \\ 1/3 & 1/3 & 1 \end{bmatrix}$$

$$B_4=\begin{bmatrix} 1 & 3 & 4 \\ 1/3 & 1 & 1 \\ 1/4 & 1 & 1 \end{bmatrix}$$

$$B_5=\begin{bmatrix} 1 & 1 & 1/4 \\ 1 & 1 & 1/4 \\ 4 & 4 & 1 \end{bmatrix}$$

```
#层次分析法
#准则层判断矩阵
>data_C <- matrix(
+   c(1,2,1/4,1/3,1/3,1/2,1,1/7,1/5,1/5,4,7,1,2,3,3,5,1/2,1,1,3,5,1/3,1,1),
+   nrow = 5,
+   dimnames = list(c("C1","C2","C3","C4","C5"),c("C1","C2","C3","C4","C5"))
+ )
#景色判断矩阵
>data_B1 <- matrix(
+   c(1,1/2,1/5,2,1,1/2,5,2,1),
+   nrow = 3,
+   dimnames = list(c("P1","P2","P3"),c("P1","P2","P3"))
+ )
#费用判断矩阵
>data_B2 <- matrix(
+   c(1,3,8,1/3,1,3,1/8,1/3,1),
+   nrow = 3,
+   dimnames = list(c("P1","P2","P3"),c("P1","P2","P3"))
+ )
#居住判断矩阵
>data_B3 <- matrix(
+   c(1,1,1/3,1,1,1/3,3,3,1),
+   nrow = 3,
+   dimnames = list(c("P1","P2","P3"),c("P1","P2","P3"))
+ )
#饮食判断矩阵
>data_B4 <- matrix(
+   c(1,1/3,1/4,3,1,1,4,1,1),
+   nrow = 3,
+   dimnames = list(c("P1","P2","P3"),c("P1","P2","P3"))
+ )
#路途判断矩阵
>data_B5 <- matrix(
+   c(1,1,4,1,1,4,1/4,1/4,1),
+   nrow = 3,
+   dimnames = list(c("P1","P2","P3"),c("P1","P2","P3"))
```

```
+ )
# 判断矩阵归一化
>source("F:/R/Weigth_fun.R")
>Weigth_fun(data_C)
$decide_matrix
          C1        C2         C3         C4         C5
C1 0.2553191 0.5106383 0.06382979 0.08510638 0.08510638
C2 0.2447552 0.4895105 0.06993007 0.09790210 0.09790210
C3 0.2352941 0.4117647 0.05882353 0.11764706 0.17647059
C4 0.2857143 0.4761905 0.04761905 0.09523810 0.09523810
C5 0.2903226 0.4838710 0.03225806 0.09677419 0.09677419

$weigth_vector
        C1         C2         C3         C4         C5
0.26228108 0.47439499 0.05449210 0.09853357 0.11029827

# 输出特征向量
>source("F:/R/AW_Weight.R")
>AW_Weight(data_C)
[[1]]
        [,1]
C1 1.3439425
C2 2.4245610
C3 0.2738660
C4 0.5001221
C5 0.5546142

[[2]]
        [,1]
C1 5.124054
C2 5.110849
C3 5.025792
C4 5.075652
C5 5.028312

[[3]]
[1] 5.072932

# 一致性检验
```

```
>source("F:/R/Consist_Test.R")
>Consist_Test(AW_Weight(data_C)[[3]],5)
通过一致性检验!
Wi: 0.0163
[1] 0.01627942
#结果输出
>rule_Weigth_C <- Weigth_fun(data_C) $ weigth_vector #准则层特征向量
>rule_λ_C<- AW_Weight(data_C)[[3]]#准则层特征值
>CR_C <- Consist_Test(AW_Weight(data_C)[[3]],5)#准则层一致性检验
通过一致性检验!
Wi: 0.0163
>rule_Weigth_C1 <- Weigth_fun(data_B1) $ weigth_vector  #方案层(for C1)特征向量
>rule_Weigth_C2 <- Weigth_fun(data_B2) $ weigth_vector  #方案层(for C2)特征向量
>rule_Weigth_C3 <- Weigth_fun(data_B3) $ weigth_vector  #方案层(for C3)特征向量
>rule_Weigth_C4 <- Weigth_fun(data_B4) $ weigth_vector  #方案层(for C4)特征向量
>rule_Weigth_C5 <- Weigth_fun(data_B5) $ weigth_vector  #方案层(for C5)特征向量
>
>all_matrix <- matrix(c(rule_Weigth_C1,rule_Weigth_C2,rule_Weigth_C3,rule_Weigth_C4,rule_Weigth_C5),nrow = 3)
>decide_result <- all_matrix %*% rule_Weigth_C
>c<-c("P1","P2","P3")
>data.frame(c,decide_result)
  c decide_result
1 P1     0.2990074
2 P2     0.2454134
3 P3     0.4555792
```

从结果可知，P_1 权重为 0.299，P_2 权重为 0.245，P_3 权重为 0.456，方案 P_3 权重约占 50%，因此以方案 P_3 作为第一选择地点。

附：判断矩阵归一化程序 Weigth_fun.R

```
# 判断矩阵归一化
Weigth_fun <- function(data){
 if(class(data) == 'matrix'){
    data = data
 } else {
```

```
        if ( class(data) == 'data.frame'& nrow(data) == ncol(data)-1 & is.character
(data[,1,drop = TRUE])){
          data = as.matrix(data[,-1])
        } else if (class(data) == 'data.frame'& nrow(data) == ncol(data)) {
          data = as.matrix(data)
        } else {
          stop('please recheck your data structure , you must keep a equal num of the
row and col')
        }
      }
      sum_vector_row = apply(data,2,sum)
      decide_matrix = apply(data,1,function(x) x/sum_vector_row)
      weigth_vector = apply(decide_matrix,2,sum)
      result = list(decide_matrix = decide_matrix, weigth_vector = weigth_vector/
sum(weigth_vector ))
      return(result)
    }
```

特征向量计算程序 AW_Weight.R

```
    # 输出特征向量
    AW_Weight <- function(data){
      if(class(data) == 'matrix'){
        data = data
      } else {
        if ( class(data) == 'data.frame'& nrow(data) == ncol(data) - 1 & is.character
(data[,1,drop = TRUE])){
          data = as.matrix(data[,-1])
        } else if (class(data) == 'data.frame'& nrow(data) == ncol(data)) {
          data = as.matrix(data)
        } else {
          stop('please recheck your data structure , you must keep a equal num of the
row and col')
        }
      }
      AW_Vector = data %*% Weigth_fun(data)$weigth_vector
```

```
  λ = sum(AW_Vector/Weigth_fun(data) $ weigth_vector)/(length(AW_Vector))
  result = list(
    AW_Vector <- AW_Vector,
    '∑AW/W'<- AW_Vector/Weigth_fun(data) $ weigth_vector,
    λ <-λ)
  return(result)
}
```

一致性检验程序 Consist_Test. R

```
#一致性检验
Consist_Test <-8 function(λ,n){
  RI_refer = c(0,0,0.58,0.90,1.12,1.24,1.32,1.41,1.45,1.49,1.51,1.54)
  CI = (λ-n)/(n-1)
  CR = CI/(RI_refer[n])
  if (CR <= 0.1){
    cat(" 通过一致性检验!",sep = "\n")
    cat(" Wi: ", round(CR,4), "\n")
  } else {
    cat(" 请调整判断矩阵!","\n")
  }
  return(CR)
}
```

8.5　主成分分析法

主成分分析是采取一种数学降维的方法，找出几个综合变量来代替原来众多的变量，使这些综合变量尽可能地代表原来变量的信息量，而且彼此之间互不相关。这种把多个变量化为少数几个互相无关的综合变量的统计分析方法就叫作主成分分析法或主分量分析法。

在 R 语言中，使用函数 princomp()来进行主成分分析，其标准格式为：

```
princomp(x, cor = FALSE, scores = TRUE, covmat = NULL, ...)
```

其中 x 为数据集；cor 为逻辑值，TRUE 是使用相关系数矩阵计算，FALSE

是使用协方差矩阵计算，用相关系数矩阵计算就相当于先标准化，再进行主成分分析，用协方差矩阵计算就是不进行标准化距离矩阵；scores 为逻辑值，TRUE 表示计算每个成分的得分，FALSE 则不计算；covmat 是协方差阵，如果数据不用 x 提供，可由协方差提供。

［**例 8.5**］ 以 R 语言自带的鸢尾花数据集为例(表 8-5)，试用主成分分析法分析鸢尾花品种的表现性状：萼片长度、萼片宽度、花瓣长度、花瓣宽度。

表 8-5 鸢尾花数据集

ID	Sepal. Length	Sepal. Width	Petal. Length	Petal. Width	Species
1	5.1	3.5	1.4	0.2	setosa
2	4.9	3.0	1.4	0.2	setosa
3	4.7	3.2	1.3	0.2	setosa
4	4.6	3.1	1.5	0.2	setosa
5	5.0	3.6	1.4	0.2	setosa
6	5.4	3.9	1.7	0.4	setosa
7	4.6	3.4	1.4	0.3	setosa
8	5.0	3.4	1.5	0.2	setosa
9	4.4	2.9	1.4	0.2	setosa
10	4.9	3.1	1.5	0.1	setosa
11	5.4	3.7	1.5	0.2	setosa
12	4.8	3.4	1.6	0.2	setosa
13	4.8	3.0	1.4	0.1	setosa
14	4.3	3.0	1.1	0.1	setosa
15	5.8	4.0	1.2	0.2	setosa
16	5.7	4.4	1.5	0.4	setosa
17	5.4	3.9	1.3	0.4	setosa
18	5.1	3.5	1.4	0.3	setosa
19	5.7	3.8	1.7	0.3	setosa
20	5.1	3.8	1.5	0.3	setosa
21	5.4	3.4	1.7	0.2	setosa
22	5.1	3.7	1.5	0.4	setosa
23	4.6	3.6	1.0	0.2	setosa

续表 8-5

ID	Sepal. Length	Sepal. Width	Petal. Length	Petal. Width	Species
24	5.1	3.3	1.7	0.5	setosa
25	4.8	3.4	1.9	0.2	setosa
26	5.0	3.0	1.6	0.2	setosa
27	5.0	3.4	1.6	0.4	setosa
28	5.2	3.5	1.5	0.2	setosa
29	5.2	3.4	1.4	0.2	setosa
30	4.7	3.2	1.6	0.2	setosa
31	4.8	3.1	1.6	0.2	setosa
32	5.4	3.4	1.5	0.4	setosa
33	5.2	4.1	1.5	0.1	setosa
34	5.5	4.2	1.4	0.2	setosa
35	4.9	3.1	1.5	0.2	setosa
36	5.0	3.2	1.2	0.2	setosa
37	5.5	3.5	1.3	0.2	setosa
38	4.9	3.6	1.4	0.1	setosa
39	4.4	3.0	1.3	0.2	setosa
40	5.1	3.4	1.5	0.2	setosa
41	5.0	3.5	1.3	0.3	setosa
42	4.5	2.3	1.3	0.3	setosa
43	4.4	3.2	1.3	0.2	setosa
44	5.0	3.5	1.6	0.6	setosa
45	5.1	3.8	1.9	0.4	setosa
46	4.8	3.0	1.4	0.3	setosa
47	5.1	3.8	1.6	0.2	setosa
48	4.6	3.2	1.4	0.2	setosa
49	5.3	3.7	1.5	0.2	setosa
50	5.0	3.3	1.4	0.2	setosa
51	7.0	3.2	4.7	1.4	versicolor
52	6.4	3.2	4.5	1.5	versicolor

续表 8-5

ID	Sepal. Length	Sepal. Width	Petal. Length	Petal. Width	Species
53	6.9	3.1	4.9	1.5	versicolor
54	5.5	2.3	4.0	1.3	versicolor
55	6.5	2.8	4.6	1.5	versicolor
56	5.7	2.8	4.5	1.3	versicolor
57	6.3	3.3	4.7	1.6	versicolor
58	4.9	2.4	3.3	1.0	versicolor
59	6.6	2.9	4.6	1.3	versicolor
60	5.2	2.7	3.9	1.4	versicolor
61	5.0	2.0	3.5	1.0	versicolor
62	5.9	3.0	4.2	1.5	versicolor
63	6.0	2.2	4.0	1.0	versicolor
64	6.1	2.9	4.7	1.4	versicolor
65	5.6	2.9	3.6	1.3	versicolor
66	6.7	3.1	4.4	1.4	versicolor
67	5.6	3.0	4.5	1.5	versicolor
68	5.8	2.7	4.1	1.0	versicolor
69	6.2	2.2	4.5	1.5	versicolor
70	5.6	2.5	3.9	1.1	versicolor
71	5.9	3.2	4.8	1.8	versicolor
72	6.1	2.8	4.0	1.3	versicolor
73	6.3	2.5	4.9	1.5	versicolor
74	6.1	2.8	4.7	1.2	versicolor
75	6.4	2.9	4.3	1.3	versicolor
76	6.6	3.0	4.4	1.4	versicolor
77	6.8	2.8	4.8	1.4	versicolor
78	6.7	3.0	5.0	1.7	versicolor
79	6.0	2.9	4.5	1.5	versicolor
80	5.7	2.6	3.5	1.0	versicolor
81	5.5	2.4	3.8	1.1	versicolor

续表 8-5

ID	Sepal. Length	Sepal. Width	Petal. Length	Petal. Width	Species
82	5.5	2.4	3.7	1.0	versicolor
83	5.8	2.7	3.9	1.2	versicolor
84	6.0	2.7	5.1	1.6	versicolor
85	5.4	3.0	4.5	1.5	versicolor
86	6.0	3.4	4.5	1.6	versicolor
87	6.7	3.1	4.7	1.5	versicolor
88	6.3	2.3	4.4	1.3	versicolor
89	5.6	3.0	4.1	1.3	versicolor
90	5.5	2.5	4.0	1.3	versicolor
91	5.5	2.6	4.4	1.2	versicolor
92	6.1	3.0	4.6	1.4	versicolor
93	5.8	2.6	4.0	1.2	versicolor
94	5.0	2.3	3.3	1.0	versicolor
95	5.6	2.7	4.2	1.3	versicolor
96	5.7	3.0	4.2	1.2	versicolor
97	5.7	2.9	4.2	1.3	versicolor
98	6.2	2.9	4.3	1.3	versicolor
99	5.1	2.5	3.0	1.1	versicolor
100	5.7	2.8	4.1	1.3	versicolor
101	6.3	3.3	6.0	2.5	virginica
102	5.8	2.7	5.1	1.9	virginica
103	7.1	3.0	5.9	2.1	virginica
104	6.3	2.9	5.6	1.8	virginica
105	6.5	3.0	5.8	2.2	virginica
106	7.6	3.0	6.6	2.1	virginica
107	4.9	2.5	4.5	1.7	virginica
108	7.3	2.9	6.3	1.8	virginica
109	6.7	2.5	5.8	1.8	virginica
110	7.2	3.6	6.1	2.5	virginica

续表 8-5

ID	Sepal. Length	Sepal. Width	Petal. Length	Petal. Width	Species
111	6.5	3.2	5.1	2.0	virginica
112	6.4	2.7	5.3	1.9	virginica
113	6.8	3.0	5.5	2.1	virginica
114	5.7	2.5	5.0	2.0	virginica
115	5.8	2.8	5.1	2.4	virginica
116	6.4	3.2	5.3	2.3	virginica
117	6.5	3.0	5.5	1.8	virginica
118	7.7	3.8	6.7	2.2	virginica
119	7.7	2.6	6.9	2.3	virginica
120	6.0	2.2	5.0	1.5	virginica
121	6.9	3.2	5.7	2.3	virginica
122	5.6	2.8	4.9	2.0	virginica
123	7.7	2.8	6.7	2.0	virginica
124	6.3	2.7	4.9	1.8	virginica
125	6.7	3.3	5.7	2.1	virginica
126	7.2	3.2	6.0	1.8	virginica
127	6.2	2.8	4.8	1.8	virginica
128	6.1	3.0	4.9	1.8	virginica
129	6.4	2.8	5.6	2.1	virginica
130	7.2	3.0	5.8	1.6	virginica
131	7.4	2.8	6.1	1.9	virginica
132	7.9	3.8	6.4	2.0	virginica
133	6.4	2.8	5.6	2.2	virginica
134	6.3	2.8	5.1	1.5	virginica
135	6.1	2.6	5.6	1.4	virginica
136	7.7	3.0	6.1	2.3	virginica
137	6.3	3.4	5.6	2.4	virginica
138	6.4	3.1	5.5	1.8	virginica
139	6.0	3.0	4.8	1.8	virginica

续表 8-5

ID	Sepal. Length	Sepal. Width	Petal. Length	Petal. Width	Species
140	6.9	3.1	5.4	2.1	virginica
141	6.7	3.1	5.6	2.4	virginica
142	6.9	3.1	5.1	2.3	virginica
143	5.8	2.7	5.1	1.9	virginica
144	6.8	3.2	5.9	2.3	virginica
145	6.7	3.3	5.7	2.5	virginica
146	6.7	3.0	5.2	2.3	virginica
147	6.3	2.5	5.0	1.9	virginica
148	6.5	3.0	5.2	2.0	virginica
149	6.2	3.4	5.4	2.3	virginica
150	5.9	3.0	5.1	1.8	virginica

```
# 加载鸢尾花数据集
>data(iris)
# 安装和加载相关函数包
>install.packages("dplyr")
>library(dplyr)
# 对鸢尾花数据集的前 4 列进行主成分分析
>iris_pca <- princomp(iris[,1:4],cor = TRUE)
# 绘制碎石图
>screeplot(iris_pca, npcs = ncol(iris),type = "lines")
#主成分分析结果汇总
>summary(iris_pca)
Importance of components:
                          Comp.1    Comp.2     Comp.3      Comp.4
Standard deviation     1.7083611 0.9560494 0.38308860 0.143926497
Proportion of Variance 0.7296245 0.2285076 0.03668922 0.005178709
Cumulative Proportion  0.7296245 0.9581321 0.99482129 1.000000000
# 第一行是特征值
# 第二行是方差的贡献率(Proportion of Variance)
# 第三行是累计方差的贡献率(Cumulative Proportion)
# 方差的贡献率:标准化后的特征值,全部相加等于 100%
```

```
# 累计方差的贡献率:累加后的方差的贡献率
```

结果如图 8-6 所示：

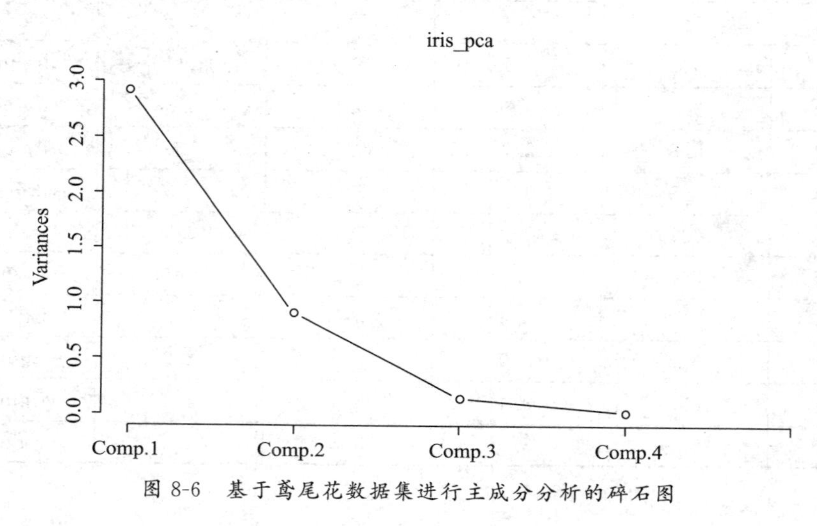

图 8-6 基于鸢尾花数据集进行主成分分析的碎石图

从结果可知，在输出的 4 个主成分中，前两个主成分就包含了原来 4 个指标 95.8%的信息，也就是能够解释 95.8%的方差，因此，将前两个作为鸢尾花数据集的主成分。

```
# loadings 代表每一个成分中之前特征系数
>iris_pca $ loadings

Loadings:

             Comp.1  Comp.2  Comp.3  Comp.4
Sepal.Length  0.521   0.377   0.720   0.261
Sepal.Width  -0.269   0.923  -0.244  -0.124
Petal.Length  0.580          -0.142  -0.801
Petal.Width   0.565          -0.634   0.524

               Comp.1 Comp.2 Comp.3 Comp.4
SS loadings      1.00   1.00   1.00   1.00
Proportion Var   0.25   0.25   0.25   0.25
Cumulative Var   0.25   0.50   0.75   1.00
```

loadings 显示的是载荷的内容，这个值实际上是主成分对于原始变量Sepal. Length、Sepal. Width、Petal. Length、Petal. Width 的系数，也是特征值对应的特

征向量。第 1 列表示主成分 1 的得分系数,依此类推。由此可得:

$$\text{Comp.}1 = 0.521 \times \text{Sepal.Length} - 0.269 \times \text{Sepal.Width} + 0.580 \times \text{Petal.Length} + 0.565 \times \text{Petal.Width}$$

$$\text{Comp.}2 = 0.377 \times \text{Sepal.Length} + 0.923 \times \text{Sepal.Width}$$

参考文献

付德印，张旭东. Excel与多元统计分析. 北京：中国统计出版社，2007.

姜启源，邢文训，谢金星，等. 大学数学实验. 北京：清华大学出版社，2005.

李一智. 经济预测技术. 北京：清华大学出版社，1991.

梅长林，范金成. 数据分析方法. 北京：高等教育出版社，2006.

裴鑫德. 多元统计分析及其应用. 北京：北京农业大学出版社，1991.

杨中庆. 基于R语言的空间统计分析研究与应用. 广州：暨南大学，2006.

叶向. 实用运筹学. 北京：中国人民大学出版社，2007.

张良均，云伟标，王路，等. R语言数据分析与挖掘实战. 北京：机械工业出版社，2015.

Robert I. Kabacoff . R语言实战. 2版. 王小宁，刘撷芯，黄俊文，等译. 北京：人民邮电出版社 ，2016.

Novomestky F. goalprog：Weighted and lexicographical goal programming and optimization. R package version 1. 0-2. 2008.